登上顶峰

沟通力与领导力助你登上职业高峰

[美] 查克·加西亚 ◎ 著　　罗　威 ◎ 译

中山大學出版社
SUN YAT-SEN UNIVERSITY PRESS

·广州·

版权所有　翻印必究

图书在版编目（CIP）数据

登上顶峰：沟通力与领导力助你登上职业高峰/［美］查克·加西亚著；罗威译. —广州：中山大学出版社，2017.1

ISBN 978-7-306-05937-6

Ⅰ. ①登… Ⅱ. ①查… ②罗… Ⅲ. ①成功心理—通俗读物 Ⅳ. ①B848.4-49

中国版本图书馆 CIP 数据核字（2016）第 307358 号

出 版 人：	徐　劲
策划编辑：	金继伟
责任编辑：	张　蕊　杨文泉
封面设计：	曾　斌
责任校对：	谢贞静
责任技编：	何雅涛
出版发行：	中山大学出版社
电　　话：	编辑部 020-84110771，84113349，84111997，84110779
	发行部 020-84111998，84111981，84111160
地　　址：	广州市新港西路 135 号
邮　　编：	510275　传　　真：020-84036565
网　　址：	http://www.zsup.com.cn　E-mail：zdcbs@mail.sysu.edu.cn
印 刷 者：	广州家联印刷有限公司
规　　格：	889mm×1194mm　1/32　8 印张　130 千字
版次印次：	2017 年 1 月第 1 版　2017 年 1 月第 1 次印刷
定　　价：	48.00 元

如发现本书因印装质量影响阅读，请与出版社发行部联系调换

推 荐 语

《登上顶峰——沟通力与领导力助你登上职业高峰》告诉那些追求职场晋升的人士如何成为出色的沟通者。这本书让我们耳目一新，向我们展示了一个可以信赖的销售领导者，他定义了"伟大沟通者的10条戒律"并教导我们如何做。这不仅仅只是一本商业书籍，而且是一本指导您亲身实践的职场圣经。

艾伦·盖勒

AG 巴林顿公司董事总经理

这本深奥的书触及了人类核心的影响力。作为一名领导力顾问，我也一直在寻找方法来激励他人实现伟大的梦想。这本书为任何一名追求卓越的领导人提供了强有力的蓝图。

马修·米拉利亚博士

马蒂厄集团总裁

登上顶峰
——沟通力与领导力助你登上职业高峰

我有幸参加了查克·加西亚的研讨会，以及和默西学院的专业学术合作。在查克的演讲中，贯穿一切的中心主题，简单地说就是："不在乎你要说的是什么，而是你如何去说，这会有很大的区别，"优秀的沟通能力几乎是所有专业人士的基本要求。你传达的每一个信息，都可能是一次增强和支持你个人或公司品牌的机会。在现代社会，访问技术已经深刻地改变了听众的期望和行为，演讲者的话会被复述，有时候会被广播，而且常常立刻就会收到批评，因此演讲的风险也越来越高。查克所讲的多维、互动的沟通模式将为您提升自己的个人品牌提供方法，打造听众群体间的强连接，创建能激励和说服听众的有效沟通策略。

《登上顶峰——沟通力与领导力助你登上职业高峰》是一本自认为优秀的沟通者必读的书籍。查克·加西亚为演讲者传授了详细的技术和方法：使用精心制作并且简洁的信息来实现明确的目标。他先进的想法将帮助你攀上巅峰。这本书将会改变你对一个沟通者的看法，你要如何去感知和衡量你要说什么和要怎么说，以及如何更好地穿越崎岖的地形使你攀登到巅峰。

戴维·G. 库塔娅

克拉里昂合伙人企业人力资源高级副总裁

推荐语

作为一名职业销售专家,查克给了我生命中最伟大的鼓舞和灵感。有效的沟通技巧在一个成功的职业生涯和生活中都是至关重要的。《登上顶峰——沟通力与领导力助你登上职业高峰》是一本任何人都必读的书籍,你会通过一种独特的、令人振奋和难忘的方式获得书中的信息。

肖恩·罗宾逊

利弗集团销售拓展代表

查克·加西亚和他的"伟大沟通者的10条戒律"锤炼了我,也使我个人有了转变,在两年的时间里我成为了一名就职于财富50强公司的成功职业人士。我可以自信地说,我从查克的培训中获得的技能是我成功的主要原因。

安东尼·斯库朗

百事可乐集团管理层薪酬分析师

我确信查克在这本书和课堂中所呈现出来的东西将改变我们的生活。《登上顶峰——沟通力与领导力助你登上职业高峰》为读者提供了超越他们自己期望的配方,通过沟通的艺术来战胜一

登上顶峰

——沟通力与领导力助你登上职业高峰

切挑战。

克里斯汀·佩雷斯
摩根士坦利分析师

作为一名从事医生职业的沟通者,《登上顶峰——沟通力与领导力助你登上职业高峰》教会了我们在当前竞争的环境中,想要取得成功所需的沟通技巧。查克的"伟大沟通者的10条戒律"已经改变了我的生活,不仅使我能够将复杂的问题向我的病人表述清楚,而且能向那些寻求健康与保健的广播听众传递清晰的信息。在过去30年与查克合作的时间里,我亲眼见证了他日渐娴熟的沟通技巧,以及他如何与他的读者进行分享。当你和他一起攀登高山时,他就在你身边,并把你带到成功的顶峰。

约瑟夫·加拉茨(医学)博士
第一广播电台"你的健康"节目主持人,德克萨斯的肝脏专家

在纽约的办公室,我们聘请了查克作为我们的企业销售培训师,目的是提高多样化的销售技巧以及客服员工的技能。除了用特定的销售技巧和方法来提高学习经验,查克还使用了他的"10

推荐语

条戒律"作为系列培训的基础。我们的销售团队已经从查克那里学到了知识,显而易见,我们已经看到我们的水平在逐渐提高。通过人格魅力和强大的沟通能力,查克带领听众并教导他们成为更高层次的沟通者。

史葛·巴里

总经理

妮基·李

特雷普有限公司人力资源副总裁

在这样一个竞争激烈、节奏飞快的世界里,一个年轻的专业人士如何获得优势?利用"10条戒律"来武装你自己,使你成为独特的、能够从人群中脱颖而出的人,并把你的职业生涯带到新的高度。

瑞安·昌德

福特汉姆大学

任何人想在他(她)的职业生涯更进一步的话,都应该阅读这本《登上顶峰——沟通力与领导力助你登上职业高峰》。在你

登上顶峰

——沟通力与领导力助你登上职业高峰

目前的工作角色中,如果你试图努力寻找一个事业上的变化或取得更大的成功,学习和实践这些沟通技巧是非常必要的。

汤姆·沃尔德伦
EDR 集团销售副总裁

作为一本有深刻见解的书籍,《登上顶峰——沟通力与领导力助你登上职业高峰》结合了历史事实与现代技术帮助你传达信息,并赢得你的听众。

无论你是一名管理人员在为董事会会议准备一次演讲,还是一名大学生试图克服在同学面前演说的"颤抖"式恐惧,任何人想成为有说服力的沟通者,都可以阅读《登上顶峰——沟通力与领导力助你登上职业高峰》这本书。查克对话式的散文和引人入胜的风格会让你为之振奋,并为你的下一次演讲做好准备。

从利用一个生动故事的力量到发现无讲台演讲的优点,每一章都充满了无可辩驳的原则,而这些原则都能通过清晰和明确的例证带入到你的生活中。

威廉·多德
德克萨斯大学奥斯汀分校

推荐语

查克深刻地理解了有说服力的沟通与推动事业成功之间的重要联系。每一个有抱负的业务经理，想要在客户和团队中建立信任度，都需要阅读《登上顶峰——沟通力与领导力助你登上职业高峰》。

布伦顿·卡门

彭博社全球终端销售负责人

在他的指导下，我看到他的学生呈现出了具有领袖气质的外表、行动和演讲。作为一名教授、一名顶级的工匠，查克所奉承的精神是专注于自己完美的工艺，而且他的每一次演讲都有其独特的方式。

艾德·维斯博士

默西学院商学院院长，美林证券前任总经理

我了解查克·加西亚。书如其人，《登上顶峰——沟通力与领导力助你登上职业高峰》是一本十分有益、实用、有思想的书籍。查克创建了一个卓越的职业建设团队并协助华尔街的顶级企业取得了成功，在这之后，他把自己的经验和方法教授给别人，

登上顶峰

——沟通力与领导力助你登上职业高峰

来帮助他们完成自己的人生旅程。这本书的每一页都有一些东西可以帮助你建立信任、激发忠诚度、有效领导。它充满了技巧、技术以及战术,并且通过令人信服的和可以理解的方式告诉读者。我已经将这本书作为指定阅读教材推荐给我的学生和客户,我知道你们也会从中学到更多的东西。

海里欧·弗莱德·加西亚

《沟通的力量:建立信任、激励忠诚以及有效领导的技巧》作者

罗格斯危机管理和执行领导力研究所执行董事

纽约大学沟通管理学院客座副教授

加西亚是一个天才的销售人员、教练和沟通者。当我们曾经共事于金融技术相关工作的时候,我很幸运有机会得到他的亲传。在他的书《登上顶峰——沟通力与领导力助你登上职业高峰》中,很多文章来源于他最优秀的课程,并被提炼至精华以凸显其本质。这本书教授你的技巧、工具和技能,将帮助你更清晰、更有影响力和更值得信赖地进行沟通。无论你是到《财富》500强公司进行营销,或是为你的创业项目筹集资金,还是尽最大的努力,试图说服你10岁的女儿来完成她的钢琴练习,只要你希望获得影响力或改变他人行为,《登上顶峰——沟通力与领

推荐语

导力助你登上职业高峰》就是一本你必读的书。

戴夫·兹韦费尔

蒂嘉爱琪有限公司终端到终端贷款解决方案市场营销组长

译 者 序

2013年9月,我生平第一次踏上美国的国土,第一站就访问了位于纽约哈德逊河畔的默西学院(Mercy College)。查克·加西亚热情地接待了我们,这也是我与查克的第一次会面。在整个访问交流过程中,查克富有激情的沟通技巧深深地吸引了我,我甚至忍不住私下询问他的学生:"你们的这位老师是从哪里来的?感觉好像是企业的培训导师一样。"他的学生回答道:"没错,加西亚教授现在还在华尔街任职,每周都要往返于学校与企业之间,并为大量的华尔街精英提供培训服务!"这就是查克,一位拥有丰富华尔街工作经历的大学教授,作为美国金融教育界的一位杰出代表,他向我们展示了沟通技巧的无穷魅力。

查克拥有长达25年的华尔街工作经验,他在彭博通讯社工作了14年的时间,并在多家基金公司担任过要职,还经常在全球各个国家举办沟通力、领导力提升的培训。我在他的办公室看到一张插满小旗帜的世界地图,他告诉我,他每去过一个地方就

登上顶峰
——沟通力与领导力助你登上职业高峰

会在地图上插上一面小旗子。英国、日本、南非、巴西、澳大利亚……他的学员几乎遍布了地球上的每一个角落。在随后三年多的时间里，查克也先后两次来中国举办了培训，并取得了圆满的成功，学员们好评如潮！

《登上顶峰——沟通力与领导力助你登上职业高峰》是一本非常简明实用的指导书，它浓缩了查克几十年在沟通技巧培训方面所累积的经验，适合各类人群阅读，特别是那些希望在沟通技巧上有较大提升的读者（其实我们每个人都会或多或少地存在这种需求）。书中大量引用了好莱坞经典电影中的对白（例如我们耳熟能详的《勇敢的心》《当幸福来敲门》《冰上奇迹》《挑战星期天》，等等），我建议读者可以参照书中的内容去重温这些影片。因为再好的印刷与排版技术也无法真实地复原这些令人热血沸腾、难以忘却的经典对白，引用查克在书中表达的观点："对于我们的大脑而言，词语是抽象的和难以记忆的，而视觉形象则是非常具体的容易让人记住的。"只有当你处在那个令人激动不已的氛围中时，你才能更真切地体会到其中的妙处。

我校与纽约默西学院展开了全面的国际合作，帮助查克翻译与出版《登上顶峰——沟通力与领导力助你登上职业高峰》（中

译者序

文版），这是两校国际合作的一项阶段性成果。希望借此在中国能让更多的人了解查克、了解默西学院！本书能够顺利地完成翻译与出版还要特别感谢美国攀登领导力咨询公司的中方代表、深圳前海立普思国际教育科技有限公司的林涛总经理。作为一位金融咨询及教育行业的企业高管，林总推动了包括我校在内的多项国际化合作项目，感谢林总为本书的翻译做了大量的前期准备与后期审校工作，并在翻译的全程中提供咨询与协助服务。同时，也要感谢广州番禺职业技术学院财经学院的杨则文院长，杨院长一直致力于推动我校与默西学院的国际合作，本书的出版与发行也得到了杨院长的大力支持！

让我们在查克·加西亚的带领下，一同开始神奇的沟通之旅！体验演讲的无穷魅力！一起登上心中的那个职场巅峰！

译者

2016 年 10 月 1 日

前　言

达斯伦·夏拉瓦特

1999年10月是网络科技兴起的鼎盛时期，我在波士顿的艾美酒店（现在的朗豪坊）聆听一位杰出的演讲者谈论彭博通讯社市场定位，他给了听众一个直观的说明：互联网技术是如何冲击金融市场的。当我问别人那位口齿伶俐、谈话令人印象深刻的演讲者是谁，他们告诉我是查克·加西亚，一个在行业内赫赫有名的彭博通讯社市场营销主管。那时候我还没想过，我们会成为好朋友，在相互了解后，我发现我们有一个非常相似的军队成长背景；17年后，我很激动地为查克的第一本书撰写前言，本书的每一个章节都包含着他大量的、富有建设性的建议，每一个话题都打动着我们的心灵。

登上顶峰

——沟通力与领导力助你登上职业高峰

我拥有 20 年的金融服务行业的从业经验,我曾经就职于金融机构、科技公司,并在过去的 10 年中,作为一名分析师研究了华尔街的投资行业。我很荣幸在 20 多个国家讲授思维领导力项目。我的观点被媒体广泛引用,接受电视台采访,还成为了麻省理工学院斯隆管理学院研究员。经过和众多高级管理人员及商界领袖的接触,我明白了有效的沟通是获取杰出领导力和职业成功的先决条件。此外,良好的沟通技巧不仅对一个成功的职业生涯是至关重要的,而且也可以极大地促进人与人之间的关系,丰富你的灵魂。显而易见,当我们认为别人会按照我们的意图来做出判断的时候,他们实际上是根据我们的行动和语言即沟通能力来做出判断的。

我鼓励你腾出时间来阅读这本书,我可以保证对于你的未来而言,这将是一笔庄重的投资。我同样向你保证,在这次自我发现和自我完善的旅程中,你无法找到比我的朋友查克·加西亚更好的导师。他是一个罕见的、经验丰富的、具备敏锐洞察力的且非常谦虚的人。这本书是他给我们的礼物,也是一门关键的课程,分享了他在漫长和成功的职业生涯中学到的提高领导力与有效沟通力的技巧。

前　言

与你所想的恰恰相反，有效的沟通技巧不是上帝赐予的天赋或天生的能力，而是可以不断被学习、实践和掌握的。这是一次特别真实的公众演讲，查克在这本书中通过许多例子对他的观点来进行描述。对我们所有人来说，查克做了一项了不起的工作，他为我们展示了在公众演讲时所需要的技巧、战术以及战略，我希望你认真汲取这本书的宝贵经验，这将指导你成为一名出众的沟通者。

作者出书有很多原因，但查克的动机却是特别的。他有一个强烈的愿望，那就是与我们分享他的智慧——特别是对年轻人，并将他在领导力、沟通力以及公众演讲中所学到的重要经验回馈给我们。

请阅读，并享受与查克一起攀登高峰。

致　　谢

这本书的问世得到了弗兰爱的支持以及哈里森、利、加勒特、加比的鼓励。另外，彼特·吉亚诺普罗斯所做的远远超出了一位编辑的本职工作，谢谢你，彼特，这段旅途中伟大的伙伴。

目　录

导言 …………………………………………………………… I

第一章　首位效应（近位效应）：善始善终 …………… 001
　一、给人留下好的第一印象：用好首位效应 ………… 007
　二、有效性到紧迫性：来自沟通大师的经验 ………… 014
　三、以终为始：行动中的近位效应 …………………… 019

第二章　情感诉求：去获得金牌 ………………………… 027
　一、情感先于理性 ……………………………………… 033
　二、销售：埃里克·伯恩斯坦，让情感作为一种说服的工具
　　　………………………………………………………… 036
　三、卸下你的面具 ……………………………………… 040
　四、理智与感情：史蒂夫·乔布斯的忠言 …………… 043

第三章　带着坚定的信念去演讲：承诺的勇气 ………… 047
　勇敢面对，不要躲避：亚历克·葛特展示信念的形式 …… 057

登上顶峰

——沟通力与领导力助你登上职业高峰

第四章　肢体语言：嘴巴张开前先用身体说话 …………… 069

一、"看到的即是认知的"：取自《鲨鱼坦克》节目里的经验

………………………………………………………………… 074

二、非言语沟通的五种类型 ……………………………… 078

三、肢体语言中应该做的和不该做的 …………………… 082

第五章　拉近与听众的距离：传授，不要说教 …………… 089

一、成为一个知识专家 …………………………………… 092

二、移除障碍：锤炼社会关系和新的互动 ……………… 094

三、TED 的力量：在现代世界中消除距离 ……………… 096

四、我心目中最棒的五个 TED 演讲 …………………… 101

第六章　"三法则"：一个神奇的数字 …………………… 103

案例研究：雪莉·桑德伯格，演讲的火花与"三法则" … 111

第七章　学会强调：标点符号的激情 ……………………… 117

一、激情优于标点符号？伊迪·马格纳斯的案例研究 … 124

二、用力去强调：寻找正确的音节 ……………………… 126

第八章　停顿的力量：意外之处的冲击 …………………… 131

一、停顿的力量：提示与技巧 …………………………… 136

二、如何创造诗意般的沉默 ……………………………… 148

目 录

三、从演讲家马克·吐温的演讲中学习停顿的力量 …… 150

第九章 激活视觉效果：温故而知新 …………………… 159
  一、幻灯片带来的困惑 ……………………………………… 164
  二、使用 PowToon：革新有说服力的演讲 ……………… 172

第十章 音调的改变：出其不意的变化 ……………………… 179
  一、停顿、演示和录影 ……………………………………… 183
  二、完美的音调：关于韦斯特公司丹·西蒙的案例研究 …… 186
  三、如何开发悦耳的演讲技巧 ……………………………… 189
  四、克服言语焦虑：从国王的演讲中获取经验 …………… 192

总结 …………………………………………………………………… 198

关于作者 ……………………………………………………………… 201

伟大沟通者的 10 条戒律 …………………………………………… 203

10 种提高演讲能力的途径 ………………………………………… 207

10 种让你缓解紧张情绪的办法 …………………………………… 211

10 种改变态度的方法 ……………………………………………… 215

提升你销售成功机会的关键词 ……………………………………… 219

推荐阅读 ……………………………………………………………… 220

导　　言

攀登高峰的最终智慧：当一个人以超越自己的极限而奋斗，他最终将超越自我。

——詹姆斯·拉姆齐·乌尔曼，登山历史学家

1953年5月28日，华氏零下25度，高度：27500英尺。来自新西兰的养蜂人埃德蒙·希拉里与来自尼泊尔的登山者丹增·诺尔盖正在搭建一个帐篷，为登上他们下一个里程碑做好准备。在度过一个寒冷的夜晚后，第二天早上他们离开了高山营地，继续与风雪搏斗，向上攀登。两边是超过3330英尺的峡谷，他们沿着蜿蜒的山脊，爬上陡峭的石台阶，绕过一个倾斜的雪地山路，到达了世界上最高的山峰。

希拉里在即将登顶的时候把身体挤进了山顶的一条裂缝中，慢慢向上攀爬，到达了此后被广为人知的"希拉里台阶"。他扔下了一根绳子，诺尔盖也紧跟其后。1953年5月29日上午11点

登上顶峰

——沟通力与领导力助你登上职业高峰

30 时,这两位登山者站在了世界的顶峰,也完成了此前 11 位探险者无法完成的历程。他们取得了被认为是当时无法实现的壮举。在这一历史性时刻诞生后,共计有超过 4000 人登上了海拔 29035 英尺的珠穆朗玛峰山顶。

2013 年的纪录片《飞跃边缘》,记录了他们这一伟大的攀登事迹。他们的行动震惊了世界,并且鼓舞了无数人去追求自己的目标。这个故事讲述的是普通人如何取得非凡的成就,也是一个关于因与果、风险与回报、冲突与胜利的故事。当问到这一非凡成就的重要性时,希拉里谦虚地说:"我们征服的不是高山,而是我们自己。"

如果你看过这部或任何其他关于攀登珠穆朗玛峰主题的电影,你会注意到攀登旅程开始的地点名为"基地营"。这是一个集结地,集合你的团队,并在精神上为未来的挑战做好准备。准备好面对恐惧与踏上未知,这种感觉非常类似于职业提升。高山不是独自一个人在攀登,成功的职业生涯也不是一个人在孤独的追求。这取决于你的宽容如何影响到你的伙伴,也被称为"互惠定律"——一个众所周知的理解:为了取得成功,你需要全程给予他人帮助。反过来,他们也会帮助并鼓励你达到职业生涯的

导　　言

顶峰。

事业与攀登：三点共性

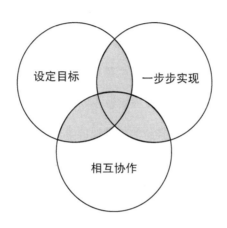

在职业发展的阶梯上攀登就如同登山，我们通常都会设定一个目标，一步一步地来实现，最终相互协作到达顶峰。我们保持自己的能力、目标和心态一路向高处发展。在高绩效的文化体系下，无论你的工作是什么，成功都是由以下因素所决定的：

▲ *5% 取决于你的学历。*

▲ *15% 通过你的专业经验。*

▲ *15% 取决于你与生俱来的能力。*

▲ *65% 通过你的沟通与演讲的技巧。*

登上顶峰

——沟通力与领导力助你登上职业高峰

作为一名为世界各地的机构进行领导力及沟通力培训的导师，我的使命是帮助人们超越自己的期望。虽然现在有许多方法来开发沟通能力，而我的做法是将多年来我在沟通中学习到的、具有说服力的智慧、战术及方法传授给别人。

我们的目标是为客户和学生建立较高的期望值，让他们挑战自我、远离安逸。罗宾·威廉姆斯在电影《死亡诗社》中扮演的角色基廷是我的学习榜样。他鼓励他的学生要真诚地、创造性地鼓起勇气来策划他们自己的职业生涯路径。我的工作，正如基廷那样体现了永恒的核心价值观，就像这部电影到今天仍然像它在1989年发行时一样引人入胜。

▲ 我们必须不断提醒自己以不同的方式看待事物。

▲ 不管别人告诉你什么，语言和思想都可以改变世界。

▲ 请努力寻找你自己的声音，因为你等待实践的时间越长，你就越无法找到你自己的声音。

尽管管理的理论一直在发展，形成了不同的企业文化和各种各样的产品生产线，但有一个共同的规律始终贯穿于今天的经济发展：一流的工作机会总是光顾最令人信服的沟通者。通过学习和应用本书的核心内容——伟大沟通者的10条戒律，你就已经

导　　言

迈出了踏上顶峰之旅的第一步。

攀登和公开演讲需要做好充分的心理准备，需要我们进一步挖掘对自己的理解，并认识到不屈不挠对于追求成功的重要性。正如巴顿将军曾说过："衡量一个人的成功不在于他能攀登得多高，而在于他跌落谷底时的反弹能力有多强。"

当你学习运用这些原则时，许多人会显得很不自然、不自在和尴尬。公众演讲就像登山一样，的确会给许多人带来恐惧和挫折。这些技能很少是与生俱来的，你的演讲能力越强，所面临的挑战就越大。在战胜挑战的同时，你的专业能力和个人能力也随之成长。

因此，这本书不仅是关于沟通的训练，或者是攀登你所认为的一座座大山，也是关于你对成功的认知：成功的路线永远是曲折的，在迂回曲折中你会认识到这些方法和策略能够帮助你继续前进。

这本书是一系列"如何做"的经验介绍，帮助你学习这些技巧并付诸实践。当你在思考前方的挑战，仰望着高山而受到鼓舞，请记住下面这些美妙的智慧之言，这将会帮助你把事业推向新的高度：

登上顶峰

——沟通力与领导力助你登上职业高峰

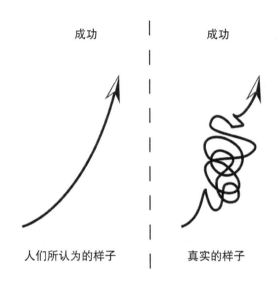

挑战是所有人类活动的核心动力。如果有一片海洋,我们就穿越它;如果有一种疾病,我们就治愈它;如果有一个错误,我们就改正它;如果有一个记录,我们就打破它;最后,如果有一座高山,我们就征服它。

——杰姆斯·拉姆齐·乌尔曼,登山历史学家

欢迎阅读《登上顶峰——沟通力与领导力助你登上职业高峰》。很荣幸成为你发现自我、提升专业历程中的导师。

第一章

首位效应(近位效应)[1]：善始善终

---

[1] 首位效应(近位效应)：心理学一个古老的发现之一就是人们倾向于记住开始和末尾的事情。对于听众而言，开始阶段和最后阶段的信息相对于中间阶段的信息更容易被记住，所以演讲者应该把最重要的内容放置于演讲过程的首尾。这也被认为是后接受的知识对于回忆之前所接受的知识的干扰作用。

"你的生活有多沉重?"

想象一下,你背着一个背包,我希望你能感觉到你肩膀上的重量。感觉到了吗?现在我想让你用生活中所有的东西来装载它,从小的物件开始:书架上、抽屉里的东西,小摆设,收藏品……你会开始感觉到重量的增加。然后你开始继续添加更大的东西:衣服、桌上电器、灯、床单、电视机……你的背包应该变得相当沉重了。接下来,开始装更大的东西:你的沙发、床、厨房桌子……在那里的所有东西。你的车,把它也装进去。你的家,无论是一个工作室公寓或一间两卧室的房子。我要你把所有的东西都放进那个背包里。现在试着走走看,很困难了,是吗?这就是每天我们对自己所做的,我们把自己压到无法移动。别搞错了,行走才是生活。

——瑞恩·宾汉姆《在云端》

登上顶峰

——沟通力与领导力助你登上职业高峰

在电影《在云端》里，乔治·克鲁尼饰演的瑞恩·宾汉姆，一个职业的公司裁员专家，他的工作是在美国飞来飞去为各个公司裁员。他是那种感觉在机场比在自己家里还轻松自如的商人。为了帮助失业的人找到新的就业机会，宾汉姆做了一次演讲，主题是"你的背包里拥有什么？"

电影里的宾汉姆认为，承诺和财产拖累了我们，所以我们要摆脱它们。如果没有它们，我们会过得更好。他指的不仅是物质上的东西，而且还包括我们的背景、偏见以及过去的经验。这些使我们的负担变得更重，导致我们向前行动变得更难。

想想那次演讲，是什么让它如此令人难忘？正是在他发表演讲前提出这个引人深思的问题："你的生活有多沉重？"然后通过一个比喻，一个背包，激起了听众用全新的方式来思考自己的生活。

每一个听众对宾汉姆的讲话都有自己的见解。宾汉姆在他发表演讲之前就知道，每个人都会用一种对自己特别有意义的方式来思考这个问题。

宾汉姆为他的开场白设置了一个基调——激发。想象一下你自己作为听众，正在等待演讲者介绍职业规划的建议。突然听到

第一章

首位效应（近位效应）：善始善终

的这个开场白时你会感到十分惊讶，因为这对大多数听众来说都是不寻常的经历。激发听众的兴趣而不是沉闷的演讲，于是大多数人的直接反应是："他要说什么？这些对我将有什么影响？"

宾汉姆在演讲中要求我们做的事情，在技术上是不可能实现的。但是，我们要如何衡量自己的生活？他认为只能让你把这么多的东西放在一个背包里，这是一个伟大的隐喻。他给了听众一个意外，所以他的演讲只用了15秒便吸引了听众的注意力。他知道听众可以接受什么内容，最终他通过强烈的号召力和感染力为自己建立了演讲的舞台。

无论在什么情况下或者目的是什么，任何人发表演讲的主要目标都是相同的，那就是必须努力去赢得听众的心，并引起听众的注意。这是任何发言者、演讲者或领导人的责任——去激励、说服，最重要的是激发改变听众。

乔治·克鲁尼所扮演的角色让我们知道了一个秘密。如果你想准备一次完美的演讲，那么就从下面这个基本假设开始，每一次你走上讲台，你应该知道：

登上顶峰

——沟通力与领导力助你登上职业高峰

▲ 三分之一的听众喜欢你的演讲。

▲ 三分之一的听众不喜欢你的演讲。

▲ 三分之一的听众要通过听你演讲的前几句话来决定他们的想法。

我敢肯定,最后的三分之一的听众会在你讲得精彩的时候,向你点点头表示赞同。但如果你的演讲不够优秀,他们的注意力完全会转移到别的地方,而不是专注于你的演讲。

掌握这个假设的内容是成功的最关键因素之一。为什么？因为你要时刻记住,你的听众里面有三分之二的人一开始可能不接受你的演讲,这不是他们的义务。因此,你的目标是在每一次演讲中,从第一句话开始就要赢得你的听众。

你有15秒的时间来驾驭演讲,它将是"成功起飞"或"发射失败"的关键。如果你在演讲的初期观察听众,你不确定是否已经吸引了他们的注意力,那么你可能就已经失败了。他们的心走了,再也不会回来了。

如果你开始的演讲抓不住听众的注意力,你就会立即失去他们的心。如果你的演讲没有引人入胜的内容,那么听众就会有离

第一章
首位效应（近位效应）：善始善终

开座位的强烈愿望，如果出现了这种情况，你基本上是在浪费自己和他人的时间。

开场和结尾，第一次和最后一次，开始和结束。首位效应出现在演讲者开场的表述时；近位效应则出现在演讲者最后的总结时。所有杰出的沟通者之所以能留给听众持久的印象，是因为他们将注意力放在如何进行恰到好处的发言。

我们应该从哪里开始呢？让我们从首位效应开始吧。

一、给人留下好的第一印象：用好首位效应

听众希望了解和消化他们听到的第一个信息，但不一定是接下来的所有内容。他们会认为第一个演示文稿中呈现的信息比接下来的内容更有价值和有意义，所以要让你的开场白变得富有价值，只要是能打动听众的话语就要安排先讲。你也要反问自己，"如果这是我唯一能留给听众的东西，那应该是什么？为什么听众会在意这个呢？"然后就从那里开始。

在你说话之前，要定下基调，要使自己看上去很自信。首先

登上顶峰

——沟通力与领导力助你登上职业高峰

要有一个信心满满的状态,然后去吸引听众的注意力,并努力让他们在那里继续听你的演讲。

回想一下在你演讲前两分钟通常使用的开场白,一般是友好的介绍,重复一些客套话或是和你的同事开开玩笑。尝试一下与传统的演讲相反,换一种方式来开始演讲,将那些感谢主办方或欢迎听众的言语放在演讲的后段。

如果听众觉得这是一场平淡无味的演讲,他们通常会很有礼貌地表现出婉拒,他们会微笑地摇摇头,那么在你开始演讲的时候,你就已经失败了。

所以,我们要尝试不同的东西。要让听众觉得惊讶,给他们一个惊喜,给他们一些思考,说一些有争议的和刺激的话语,目的是激发听众的兴趣从而建立起他们对你的信任,通过一些大胆和令人难忘的事情来拉近与听众之间的关系。因此,让我们尝试在开场白中使用一些开放的战术。在这些年的经验中,下面这些战术被我和我的客户证明是非常成功的。

第一章

首位效应（近位效应）：善始善终

1. 寻找一个有趣的新闻标题

听众比较感兴趣的新鲜话题，不一定是名人的故事，要找到一个适用于大部分听众的共同话题。例如，当谷歌宣布将改变其母公司的名字为"Alphabet"的时候，我对华尔街的听众说："让我告诉你们，谷歌为什么要这样做。"如果在座的听众都是球迷，你可以尝试从美国美式足球界汤姆·布拉迪最近发生的"放气门①"事件开始，听众会很感兴趣的。如果是谈论纺织业贸易协会，那就可以谈论有关时尚连锁店的头条新闻，我们的目标是找到共同的话题，并让在座的听众不断询问自己，"他接下来将会再讲什么？"

---

① "放气门"始于2015年1月18日的一场NFL常规赛事，由新英格兰爱国者对阵印第安纳波利斯小马。主队涉嫌对比赛用球违规放气，以获取进攻上的便利。虽然最后爱国者以45:7狂胜对手，并在一周后的"超级碗"上夺冠，NFL在调查后对布拉迪做出禁赛四场的处罚，并罚款爱国者100万美元、剥夺其2016赛季首轮选秀权和2017赛季第四轮选秀权。这宗事件从NFL内部一直闹到法院，其间经历了地区法院取消禁赛、上诉法院恢复禁赛的波折。

登上顶峰

——沟通力与领导力助你登上职业高峰

2. 寻找一个神秘的日期

不要用类似"9·11"事件这种众所周知的事件，寻找一个在历史上能迷惑听众的日期。例如"1973年4月13日，这一天发生了一件改变整个世界的事情"。听众会因为不了解这件事而感到一些惭愧，于是他们会非常想知道这一天到底发生了什么事？这就是你在演讲一开始建立的悬念，让听众自己开始思考"我不知道1973年4月13日到底发生了什么事"。如果你做得足够好，听众会急切地等待着你接下来的妙语连珠，这时你就可以告诉他们，"在那天中午，在纽约列克星敦大道和第五十八街的拐角处，第一个商用电话通话了。"

3. 讲一个关于人性的故事

一开始就要通过相关的话题来展示你的人性和脆弱性，为下面要讲的内容设定一个基调。"在我来的路上遇到了一件有趣的事情，我正要上火车的时候，我的手机响了。在匆忙中，我接通

第一章

首位效应(近位效应):善始善终

了电话……最后我发现,我所知道的一切都是错误的"。听众总是喜欢看到杰出的演讲者暴露他们的缺点,在你意想不到的时候,往往能让他们"哈哈大笑"。

4. 从一个令人记忆深刻的引用开始

引用一个深受尊敬和爱戴的名人的故事,可以使听众更深入的了解你的想法。例如,我做过一个关于"学生行为特征"主题的演讲,讨论的是现有的教育模式如何被打破。在演讲开始的时候,我引用约翰·列侬①的一句话:"当我五岁的时候,母亲总是告诉我,'快乐'是人生的关键。当我去上学以后,有人问我长大后想成为什么样的人,我写下了'快乐'两个字,于是他们认为我答非所问。但是我告诉他们,是他们不懂生活。"在演讲中使用了恰当的引用,你会发现听众开始肯定地点头。你可以听到他们每个人对自己说:"你是对的,我同意你的观点,事实就是

---

①约翰·温斯顿·列侬(John Winston Lennon,1940—1980),出生于英国利物浦,英国摇滚乐队"披头士"成员,摇滚音乐家,诗人,社会活动家,入选摇滚名人堂,入选《滚石》杂志评出的"历史上最伟大的50位流行音乐家"。

登上顶峰
——沟通力与领导力助你登上职业高峰

如此!"

5. 视觉效应

你可以建立一个神秘的氛围,通过演示一系列神秘的幻灯片,引导观众进入一个意想不到的场景。如果你演讲的主题是关于价值投资的力量,那么就要想办法创造一个独特而丰富多彩的场景。这时你并不需要展示沃伦·巴菲特的形象照片,但却可以展示一瓶亨氏牌番茄酱或一罐本杰明·摩尔的油漆,并送给大家一些西氏牌的花生糖。当普通投资者计划用一百万美元进行投资时,刚才提到的这些企业可能都不会成为他们的投资对象,因为普通投资者在通向致富之路上,往往希望寻找到最新和最优秀的科技公司。但这些图片有助于听众明白,非凡的投资回报也可以通过普通的、日常的业务来取得。类似于刚才提到的这些公司,都是股神巴菲特的伯克希尔公司所投资的对象,正是价值投资的方法,使他的净资产达到了 660 亿美元。这样,你就发现了一种新的方法来介绍价值投资的概念,并通过一个简单而直接的方法来表达你的观点。

第一章

首位效应（近位效应）：善始善终

上述这些仅仅只是在开场白时采用的五种常用技巧，你还可以根据自己的兴趣和听众的需要来发展更多的演讲技巧。当有人摆脱了常规，并开始在不同的环境下运用这些技巧时，他们会发现自己的演讲会令人耳目一新。

如果你想被听众所铭记，就要做与他们预期相反的事情。在你演讲之前找到一种方法让听众参与进来，建立一个融洽的关系，博取他们的信任，定下一个基调，让在座的每个人都对自己说："这个家伙很关心我们，他所演讲的内容抛弃了传统的方法，给了我们一些新的思考。"

在一个开场白中传达的信息，就好像是代表全部演讲内容品质的一个镜头，是一个博取听众信任的机会。这是非常重要的，这将决定了在演讲结束后，听众还是否相信你。否则，你所做的事情仅仅只是在说话，而不是用演讲去说服他们。我们演讲的出发点是让他们聆听，用心地聆听。

登上顶峰

——沟通力与领导力助你登上职业高峰

二、有效性到紧迫性：来自沟通大师的经验

我从加拿大 TMX 集团①首席执行官埃克莱斯顿身上学到了第一条重要的戒条。埃克莱斯顿是一个鼓舞人心的领导者，他用首位效应（近位效应）作为强有力的工具和指导原则来获得与维持股东们的关注。简单来说，他是我职业生涯中遇见的最好的沟通大师。

当埃克莱斯顿在 2014 的秋天执掌 TMX 时，他观察到公司的组织结构非常模糊，对市场需求的反应也非常迟钝。他知道如果要从战略上对 TMX 集团进行调整，需要尽快地得到员工的关注

---

①TMX 集团总部设于加拿大城市多伦多，拥有并管理多伦多证券交易所、蒙特利尔证券交易所和其他金融交易机构，公司总市值达 3.7 万亿英镑。

第一章

首位效应（近位效应）：善始善终

和认同。

"人就像是一个鲜活的直邮广告，"他告诉我："你只有几秒钟的时间能抓住听众注意力，如果你的开场白是非常棒的，是听众想要听到的，他们就会一直听你演讲下去。"就像直邮广告一样，埃克莱斯顿认识到需要尽快地抓住同事们的注意力，并且随之发起一系列令人难忘的行动号召。

为了实现他的新目标，埃克莱斯顿依靠其卓越的沟通技巧，实现了企业文化的持续革新。当他在麦格劳希尔金融集团工作的时候，他也面临着类似的挑战，这些挑战来源于他通过收集和整合不同的资产以推动企业品牌价值的过程中。虽然他以前也从事过这项工作，但不同环境所面临的问题是不同的，当他就职于TMX集团的时候，埃克莱斯顿将其称之为"人生转型的挑战"。

由于需要为1400名员工开发一套利于其成长的思维模式，提升他们的反应能力及变革能力，他采用了"首位效应"来设定基调："TMX是一家伟大的公司，公司职员都非常努力工作，但现在的情况非常紧急，"他告诉公司的员工。

当埃克莱斯顿开始接手的时候，他在有限的时间内分析了TMX集团的企业文化并强调了一些关键点：

登上顶峰

——沟通力与领导力助你登上职业高峰

▲ 员工们并不认为情况变得越来越糟糕。

▲ 在企业内部遗留的传统文化驱动下,员工们的思维已经锁定在旧有的模式中,从而抑制了其对瞬息万变的金融环境作出快速反应。

▲ 他们没有听从客户的需求,而是试图向他们推销他们既不需要也不想要的产品。

埃克莱斯顿改造的基本原则是,确保TMX集团员工能够在市场和客户的需求驱动下工作。因此,他们需要改变现有的思维方式及行为方式。他坚定地认为员工的操作技能还有很大的提升空间,因此,需要推动持久的变革让他们做得更好。简而言之,TMX集团员工需要培养卓越的沟通技巧,有效的沟通是一座桥梁,可以通过它找到价值的所在。"我们擅长于思考,但不善于沟通,"他说,"这是完全不同的两个概念"。

大多数像TMX这种规模级别的公司组织,在其管理体制发生变革的时候都会带来质疑和不确定性。然而,在埃克莱斯顿的组织结构里,他体现出了公正与透明度。从他就职的第一天开

第一章
首位效应（近位效应）：善始善终

始,埃克莱斯顿就非常坚定的言行一致。当被问及他的领导方式时,他的回答是明确的:

▲ 我的立场是为了简单、透明的议程。

▲ 我会听取你的想法,不管是好的或者是坏的。

▲ 我可能不会总是采纳你的建议,但我会采取行动来解释我的理由。

我一直很佩服埃克莱斯顿的能力,尽管承担了超出预期的巨大压力,他总是能设定一个积极的基调。他曾经告诉我,"如果你不创造一个迫切需要改变的情境,员工们就不会去改变自己,你必须给他们带来积极的一面,否则你无法开展任何行动。"为了最大限度地影响到听众,埃克莱斯顿总是在演讲结束的时候完全面向他的听众,然后带着自信离开,并始终让你感觉到促进变革的紧迫感。

如果你看看埃克莱斯顿演讲的开场白和结束语,你会感受到首位效应（近位效应）的力量。开始他通常将关注的焦点集中在现实的情况上,并在演讲结束的时候提出行动计划,并期望该计

登上顶峰

——沟通力与领导力助你登上职业高峰

划被执行。"形势的发展不好,"他告诉他的团队,"但一切都取决于如何解决我们已经确定了的问题。"

他所传递的信息也确实促使了 TMX 集团认真思考他们的业务与现状。"现在的形势已经和过去不同了,"他最近告诉我:"如果客户一直在改变,你就不能停止革新,否则你就会落伍。因此从现在起,我们只是一家根据客户需求提供解决方案的公司。"

在我写这本书的时候,埃克莱斯顿已经将重心放在了"必备"产品上,这些产品支持他的以"客户为中心"的理念,是专注于技术的商业计划,其核心内容是关于 TMX 集团可以为他的客户提供什么样的产品和服务。为了实现埃克莱斯顿雄心勃勃的增长计划,他抛弃了一个广泛的多元化战略,把目标放在了专注于发展技术驱动的解决方案上。此时,他的激情、能量和焦点已经根深蒂固。首位效应(近位效应)是埃克莱斯顿一个基本的策略,在这个可以持续依靠的策略中,他强调了激发组织变革所需要的内容。

埃克莱斯顿利用快速变化的资本市场获得资本价值的增长,同时,他对自己新的愿景和战略发现都充满了信心,这些都再次

第一章
首位效应（近位效应）：善始善终

证实了他称之为"有效性到紧迫性"的这个基本原理。

在他接手之前，他感觉到 TMX 管理层拒绝承认自己的错误。因此，埃克莱斯顿是这样来转变他们的观点：

▲ 意识——激烈竞争阻碍了收入的增长。

▲ 冲突——承认我们有问题，我们的客户正在改变，但我们落伍了。

▲ 解决方案——我们需要更高的透明度，更有效的沟通技巧，并对我们的行动负责。

正如埃克莱斯顿所说："你可以选择逃避，也可以选择做一些事情。"

三、以终为始：行动中的近位效应

当你准备你的下一次演讲时，想象一个吊床的形状，吊床是从左边的最高点开始悬挂的。这就像是你演讲的开端，当听众的

登上顶峰

——沟通力与领导力助你登上职业高峰

注意力在顶峰的时候，一定要把握好这个时间抓住他们，否则你可能就会失去他们。

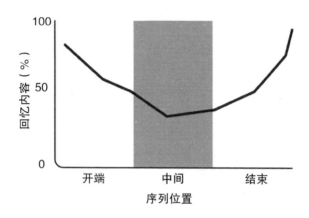

吊床的中间会下沉一点，这时正处于你演讲的主体部分。在这个阶段，你是不是一名非常好的演说家并不重要，因为听众的注意力不可能在整个演讲过程中持续地保持集中。所以，如果所有的信息都是以同等强度传递过来的，听众就没有办法去全部吸收。在任何情况下，听众能在一次演讲或谈话中回忆起几百句话都是非常具有挑战性的。在英语会话中，男人的平均说话速率是

第一章

首位效应（近位效应）：善始善终

每分钟125～150个单词①，所以听众一定会感到疲劳，甚至会做白日梦，短暂地迷失在自己的思维中。

但是，接下来吊床的右侧会再次高高挂起，当听众在感觉到演讲即将结束的时候，往往又会重新振奋起来。他们又开始集中注意力，因为他们想知道演讲将会如何结束。

德国心理学家赫伯特·艾宾浩斯用一些强有力的证据来证明了这一现象，他开创了关于记忆的实证研究，其研究的结论被称为"序列位置效应②"。艾宾浩斯的实验过程是：当给实验对象记忆一列单词的时候，他们往往只记得前几个和最后几个，大多数会忘记中间的单词。前文提到了"近位效应"指的就是容易被记住的最后那些单词。

这就是人的天性，这就是为什么电影在开始和结束的时候都会有"砰"的一声巨响；这就是为什么商业广告开始时都带着引诱性内容，结束时会显示商品的价格；这就是为什么音乐会开始

---

①David Brooks Texas. "The spoken Word: Today's tip for speakers." Last modified February 28, 209. http://www.davidbrookstexas.com/blog-azine/category/the-spoken-word/.

②序列位置效应是指记忆材料在序列位置中所处的位置对记忆效果发生的影响，包括首因效应和近因效应。

登上顶峰

——沟通力与领导力助你登上职业高峰

和结束时都会演奏乐队最拿手歌曲的原因。

我们要正确地认识人的天性，演讲的结束语与开场白同样重要。近位效应意味着随后马上进行的行动号召，这是你总结陈词的机会，向听众说明为什么值得花时间来听你演讲的原因。

演讲者最大的错误之一，就是没有在演讲即将结束的时候进行特别的提示，他们只是按部就班地完成了演讲。如前文所述，听众在结束的时候会重新振奋起来，此时，他们会对你的言论密切留意。所以，当你最后还有重要的信息或行动号召要表达时，你最好要让听众知道你的演讲快结束了。

下面还有几个重要的技巧：

1. 适当的进行总结

有时我会停下来，总结一下刚才我所说的话，偶尔也会向听众提问，对我之前的演讲有何感想？有的时候，在听众不知情的情况下，我还会安排一些"榜样群体"来和我进行对答。我和他们之间的互动就是为了打破僵局，让其他的听众也尽快融入演讲的气氛中来。你也可以找到在整个演讲过程中都认真聆听的听

第一章

首位效应（近位效应）：善始善终

众，与他们直接进行对话。你对话的目标还可以是那些频繁和你有眼光接触的听众，或者是坐在椅子上认真记录大量笔记的听众。

"告诉我，约翰，"我向其中一个听众发问，"告诉我，今天你从我的演讲中学到了什么？"约翰可能会说："这是我的一些思考，……"然后和我沟通一些他的想法。

通过对听众的提问，你让听众知道了，你想让他们参与到你的演讲中。你对他们提出问题，并且很在意他们的想法，想听听他们的意见。听众总是会喜欢这个过程的，而且在演讲结束后他们还会长期回味这段互动的经历。

2. 使用一些舞台戏剧艺术的技巧

你试着提出一个问题，但不要马上去回答它。"我已经告诉过你们，我们这个月需要超过正常的销售额，我们能做到吗？"让这个问题在现场持续一会，看看每个听众的反应是什么。看看周围谁在讨论、谁在沉默，然后用听众的讨论去打破现场尴尬的沉寂，"为什么他不讲下去了呢？"

3. 建立一个闭环

考虑用下面这些基本的技巧，将你的听众带回到演讲开始的时候。比如，你的演讲从一个神秘的日期或一个可视化的主题开始，那么你可以尝试在演讲结束的时候，再次引用你在开场白时的策略。这是再次引起听众注意的方法，也可以带给他们一个积极的回忆，随后，你就可以顺利地引导听众到达下一个目的地了。

无论你采用什么样的策略来结束演讲，有一点是非常必要的，就是要让你的听众行动起来，在他们离开会场的时候带着任务去执行。演讲稿要保持简洁，概括你想法的要点不要超过三个，最重要的是推动听众去按照要求执行。

你演讲的结束语可能会影响或改变你的听众，你播下了一粒种子并且让它生长，你之前所讲的内容都要围绕你的结束语。激励他们、帮助他们看到自己的潜力，并且当他们还记忆犹新的时候，提醒他们按照你所要求的去做。

这里有一个很好的例子。1962年9月12日，在与苏联的冷

第一章
首位效应（近位效应）：善始善终

战时期，肯尼迪总统在休斯敦德克萨斯的莱斯大学校园里发表了演讲。在这一天，他使用了一种叫"三法则"的演讲技巧（本书后文会具体描述），肯尼迪强调：

太空上没有竞争、偏见和国家冲突。太空的危险是面对我们所有人的。太空值得全人类尽最大的努力去征服。和平合作的机会可能不会重来。但是，有些人问，为什么选择月球？为什么选择登月作为我们的目标？那他们也许会问为什么我们要登上最高峰？35年前为什么要飞越大西洋？为什么莱斯大学要与德克萨斯大学比赛？

我们决定登月，我们决定在这个十年间登月，并且完成其他的事情，不是因为它们轻而易举，而是因为它们困难重重，因为这个目标将促进组织与检验我们最优秀的精神和技术，因为这个挑战是我们乐于接受的，因为这个挑战是我们不愿推迟的，因为这个挑战是我们志在必得的，对于其他的挑战也是一样！

…………

好，太空就在那儿，而我们即将在那里遨游；月球和其他行星在那儿，获得知识与和平的新的希望在那儿。因此，当我们启程的时候，我们祈求上帝保佑这个人类有史以来所从事的最危险

登上顶峰

——沟通力与领导力助你登上职业高峰

和最伟大的历险。

正因如此,1969年7月20日,当来自美国俄亥俄州沃帕科内塔的宇航员阿姆斯特朗成功踏上月球时,他说出了那句著名的话:"这是我个人的一小步,但却是人类的一大步。"

肯尼迪总统的行动号召令人鼓舞,说服了听众并激起了变革,他的讲话推动一个国家完成了这个不可能的壮举。通过对近位效应的有效利用,肯尼迪总统最后留给他的听众一个大胆而难忘的行动计划。为了放大演讲的影响效果,他在演讲的过程中充满激情并且目标明确,本能地使美国人更加接受他。鉴于冷战时期与苏联的关系,他通过在演讲中注入强烈的爱国情感来唤醒美国人,即使是在他被暗杀多年后还能引起共鸣。

当考虑采用首位效应(近位效应)开始你的演讲时,就要把你强大的、引人注目的开场和令人难忘的行动呼吁结合在一起。你的目标不仅仅是要强迫你的听众去聆听,你的目标更应该是回答这样一个问题:"当这个演讲结束了,我想让我的听众去思考、感觉或者做些什么。"

第二章

情感诉求：去获得金牌

1980年2月22日，当美国队和苏联队在纽约冬奥会的冰球赛场相遇的时候，冷战的紧张局势已经达到一个沸点（因为在此前的一年，苏联入侵阿富汗，这两个超级大国之间的紧张局势一触即发）。胜者将晋级总决赛并有机会夺取金牌，但相对于奥运荣耀来说，这场比赛卷入了更多的利益冲突，引起了东方思想与西方思想的碰撞，这些使得这场比赛具有了更多的、重要的象征意义。

　　在比赛之前，美国队的情况看起来很不妙。在过去的一场比赛中，他们3∶10输给了苏联队，美国媒体和冰球专家们都认为本场比赛获胜的机会渺茫。

　　在冬奥会的历史上，苏联是最具有统治力的冰球队伍，他们

登上顶峰

——沟通力与领导力助你登上职业高峰

以 62 胜 6 负的战绩傲视群雄,他们希望在普莱西德湖①完成四连冠的伟业。

当时美国队获胜的概率仅为 20%,这支美国队的队员都是由业余的大学生在特定的机会和环境下组成的。他们在过去的 1 年里训练了 11 个月,并展现出了巨大的团队力量。

幸运的是,美国人认为这一次他们还有一个优势,因为他们的教练是一个善于鼓舞人心的领袖,他的名字叫作赫布·布鲁克斯。他曾经两次参加过奥运会,被认为是一个"完美主义推动者"的球员。根据他的一名前队友描述"他对我们都非常不好,"有些人恨他,有些人爱他。但不可否认的是,布鲁克斯团队中的每个人都很尊重他。即便如此,人们似乎也觉得他没有把握去赢得这份奥林匹克的荣誉。

在比赛开始前的 15 分钟,布鲁克斯走进更衣室,面对着他的球队,球员们看起来好像已经承认了对手的胜利,他们看起来都很失落,只剩下松垮的双肩和呆滞的眼神。但是,布鲁克斯具

---

①普莱西德湖,位于美国纽约州,因举办了 1932 年、1980 年的冬季奥林匹克运动会而闻名。

第二章

情感诉求:去获得金牌

有一种强烈的"情境意识"[1]——一种通过阅读而非语言交流的线索来感知球员思想的能力。

他知道必须抓住球员们的注意力,因此他做了一名优秀沟通者都会做的事情。为了提升他们的注意力,他向他的球员们大声喊道:"赢下这场比赛!"他的这种表现方式,更多依靠的是超越理性的情感。

你可以在罗素的电影《冰上奇迹》中,看到描绘布鲁克斯这段精彩演讲的片段。在电影中,布鲁克斯走进更衣室,停顿了好几分钟,然后充满信心和信念地说:

"伟大的机会诞生出伟大的时刻。孩子们,这就是你们今晚在这里的原因,这就是你们今晚要得到的——一场比赛。如果我们和他们比赛10场,他们可能会赢9场,不过不是这场!不是今晚!

今晚,我们和他们比赛!今晚,我们和他们一较高下!我们要打败他们,因为我们能做到!今晚,我们才是世界上最棒的冰

---

[1] 情境意识原指飞行机组在特定的时段里和特定的情境中对影响飞机和机组的各种因素、各种条件的准确知觉。

登上顶峰

——沟通力与领导力助你登上职业高峰

球队伍!

你们天生就是冰球手,你们每个人都是,今晚你们是命中注定要在这里。这是你们的时代,他们的时代已经完了!结束了!我已经对总是听到苏联队是多么好的球队感到疲倦和恶心。打倒他们!这是你们的时代!现在,出去拿回我们应得的吧!"

这是他全部所需要的——仅仅124个充满了强烈激情的单词。在那一刻,布鲁克斯的言语使更衣室的球员们充满了信心。当你在观看这个场景时,为了增加情感上的吸引力,你会注意到布鲁克斯还使用了一些重要的沟通技巧。

▲ 当布鲁克斯走进更衣室后,在开始说话前他先等待了15秒。他用沉默来创造戏剧性的效果,以确保他能够吸引球员们的注意力。

▲ 当他开始演讲时,他使用了富有影响力的语言。"伟大的机会诞生出伟大的时刻,"这一时刻已经到来,不要去想过去和未来,这只是一场比赛。"今晚,我们和他们一较高下!我们要打败他们,因为我们能做到!"

▲ 他用了一个行动上的号召以及情感上的升华来提升结

第二章

情感诉求：去获得金牌

束语的吸引力，这些话语触动了球队的神经，当球队走向赛场时，真正做到了他所期望的——赢得了这场比赛。

如果布鲁克斯仅仅只是从逻辑上分析比赛的情况，也许还没开始就已经输掉了比赛。相反，他强调了事情的另一面。他用情感来打动他的球队，这是在任何领域工作的领导都应该掌握的重要技术之一。

想让听众持续被你的演讲感动吗？或者改变他们对一种观念的看法？或者说服他们离开他们的座位，买一些他们发誓永远不会买的东西？如果是，那么就需要按布鲁克斯告诉我们的那样——在你打动了听众的基本情感后，你就将毫无阻碍，甚至可以移动整座大山。

一、情感先于理性

在《沟通的力量》这本书中，一位受人尊敬的危机管理领导者和出色的沟通者——弗莱德·加西亚写道："人类不是一部思

登上顶峰

——沟通力与领导力助你登上职业高峰

考的机器,人类先是感觉,然后才是思考。因此,领导者需要在他们能够理性地打动听众之前,先用情感来感动他们。"

想想平时我们如何在生活中做出决定,你就会明白加西亚的观点。试想一下,有一个商人试图推销一种新的号称"能改变世界"的应用程序。他要如何说服别人来投资,别人会听吗?他需要使用一个合乎逻辑的观点吗?他需要用事实、数字和统计来描述吗?好像都不用,相反,他只需要产生一个情感上的吸引力,并用充满热情和激情的语言来表达——为什么这个应用程序有如此重要的前景。

是情感引导了我们的生活和事业中的重大决定,而不是事实和数字。令人费解的是,很多演讲者还是把重点放在陈述事实上,反而忽视了情感的魅力。

想要了解情感诉求背后的科学力量,可以参考一下马西奥·安东尼奥的研究。安东尼奥作为南加州大学的教授,他的主要研究方向是神经生物学,包括思想与行为上的情感、记忆、决策、沟通及创新。在他的著作《笛卡儿的错误》中,他认为情感起到了社会认知的核心作用。当面对一个决定时,以前相关经验的情感会影响到我们现在做出的选择。因为情绪产生了偏好,并会影

第二章

情感诉求：去获得金牌

响我们的决定①。

苏格兰哲学家乔治·坎贝尔在 1776 年撰写的著作《修辞哲学》中提到："当说服结束的时候，激情就必须参与。"那么，你如何在一个充满了经验与证据的世界中产生情感诉求呢？当你站在演讲台并开始演讲的时候，记住下面三个关键原则：

▲ 使用情感语言。"伟大的机会诞生出伟大的时刻。"

▲ 列举生动的例子。"今晚，我们才是世界上最棒的冰球队伍。"

▲ 用真诚和信念来表达。"这是你们的时代，他们的时代已经完了！结束了！"

当你用情感诉求来激发行动时，问问自己你试图唤起的是什么。

▲ 骄傲

---

①Murray, Peter Noel, phd. "How emotions Influence What We Buy." Psychology Today, February 26, 2013.

- ▲ 希望
- ▲ 同情
- ▲ 恐惧
- ▲ 愤怒
- ▲ 内疚
- ▲ 崇敬

如果你想从听众那里得到一些信息和反应，那么你的言语和态度应该体现出试图打动他们的心灵。当然，当你用故事感动听众时，也不能完全用情感的诉求来代替证据和（或）推理。一方面，要在一定程度上围绕论点提出具有逻辑说服力的论据。另一方面，也要通过增加情感诉求来完成不可能实现的任务。

二、销售：埃里克·伯恩斯坦，让情感作为一种说服的工具

世界上成熟的营销机构早就解决了一个难题：如果他们想提

第二章

情感诉求:去获得金牌

高客户购买产品的可能性,可以通过直接增加情感的吸引力来实现。然后再让客户通过逻辑的判断来支持这个购买的决策,从而在购买后获得一个更好的评价。

想想那些职业销售经理,每当他们向准客户提出一个商业方案时,他(她)想做的就是让对方能兴奋地体会到购买后的前景。

想象你正在销售一台机器,这台机器比任何其他机器能更快地完成一些任务。这的确是事实,但如果你仅仅单纯描述这台机器闪电般快速处理的能力,那还不足以卖掉它。好的销售人员会强调机器处理速度提升带来的好处,他们会告诉客户这台机器如何以更快的速度解决问题。在沟通中他们还会夹杂着情感因素,这台机器将帮助客户节省时间、精力、提高利润,这些解决方案有助于让客户对前景充满希望,从而提升了客户的需求底线。

这是一个演讲者的能力与魅力,他能让听众感受到要购买的东西确实能满足他们的需要。让消费者在他们的生活与工作中依靠感觉来做出正确的选择,而不是简单地依靠逻辑上的判断。

登上顶峰

——沟通力与领导力助你登上职业高峰

例如埃里克·伯恩斯坦，eFront 公司①的首席运营官。我目睹了伯恩斯坦在 2008 年的一个演讲。当时正值美国金融危机，金融危机后，金融行业的受关注度开始高度集中，整个演讲的议程安排了十几名发言者。

当其他发言者都站在讲台上，平淡地讨论风险管理指标和条形图的时候，伯恩斯坦却相反。他像一个杰出的演员进行御前演出一样，热情和充满信心地走到聚光灯前，他的演讲具有强烈的冲击力，赢得了雷鸣般的掌声和如潮的好评。

他的演讲符合了听众的愿望，他富有激情地谈论着听众们的担忧，并且帮助他们明白了，好的风险管理软件不仅是一个回收成本的防御工具，同时也是一个赚取盈利的攻击性武器。这种表达方式是一种完美的融合，就像告诉你"我能感觉到你的痛苦"，但同时也告诉你"我们会在一起渡过这个艰难时刻"。这是一个在情感上的行动号召，在人们最需要它的时候给予他们希望。

伯恩斯坦的秘密是什么？"令我震惊的是，情感因素在我们

---

①eFront 是致力于为金融业提供领先解决方案的软件供应商，具备专业的另类资产投资和风险管理经验。eFront 成立于 1999 年，在伦敦、巴黎（总部所在地）、纽约、蒙特利尔、迪拜、香港、波恩和新泽西设有分公司。

第二章
情感诉求：去获得金牌

的工作中起到了那么重要的作用，"他后来告诉我："我希望客户觉得我不仅仅是一个软件供应商，而且是他们的合作伙伴。我的主要工作是进行变革，将'不管它是什么'变成'我希望它是什么'。这里面90%是人的因素在起作用。"

这是伯恩斯坦进行情感交流的能力，他的方法使他成功地将很多潜在目标都转换成了客户。"我是一个懂得肢体语言的人，"伯恩斯坦说："我也是一个懂心理学的人。我总能感觉到有一些人的存在，当有些事情困扰着他们的时候，我需要觉察到并做出决定。无论是在工作中还是生活中，在一次研讨会里还是一对一的会议里，一定要从开始至结束都融入到他们的情感中去。"

当伯恩斯坦开始和潜在客户谈话的时候，他们最初的互动是围绕兴趣和爱好等话题，他的问题可以从他的客户如何从事自己的工作开始。但在客户回应的过程中，伯恩斯坦善于中断客户的陈述。"我告诉他们，我对你现在所做的事不感兴趣，"伯恩斯坦说："他们（经常）会奇怪地看着我，（然后）我说，'我更感兴趣的是你想要做什么？我想知道你的理想是什么？你在追求什么？'我专注于从另一个方面来寻找对这个客户有意义的事情。"

为了将这些技能转化为商业利润，伯恩斯坦相信他所销售的

登上顶峰

——沟通力与领导力助你登上职业高峰

产品价值永远不会降低。他认为在谈判时通过压低价格来成交是很容易做到的事情，但是，销售成功的关键往往在于销售人员的能力，在于他能否让谈判桌对面的客户相信他，相信他所提供的解决方案是富有价值的。

如果你能找到一种以真诚的情感和信任来沟通的方式，你将不仅仅是推销一种产品，而是建立了一种长期的关系。在有些情况下，你甚至可以就依赖这种长期的关系来推销一些特定的产品（尽管从理智上来讲，你可能觉得这些产品与其他产品相比不值得投资）。最重要的是，"你要找到一种方式来搭建与客户的关系，并且使它充满个性化，成为你和客户加深情感联系的桥梁"，伯恩斯坦说："最关键的就是要推动业务的发展。平心而论，我认为当客户和我见面、互动以及交易的时候，我最终能和他们建立一种友谊关系，对于我来说，这就是一切。"

三、卸下你的面具

在我与伯恩斯坦的谈话结束后，我经常想起伟大的诗人玛雅

第二章

情感诉求:去获得金牌

·安吉罗的名言,他说:"人们会忘记你说了什么,人们会忘记你做了什么,但他们永远不会忘记你让他们感觉到了什么。"当你走上演讲台,想想安吉罗这段话的精髓。请记住,听众将无法确切的记住你讲的每一句话或者是你的表达方式,但他们一定会记得你给他们带来的感受。

你经常会听到有人说:"我只是没有感觉到吗?"为了让听众感受到你的情绪,把你自己真实的一面展现给他们。卸下你的面具,特别是当你想在这个充满假象的商界里给听众留下烙印的时候,要告诉他们在面具后面的人到底是谁。

我鼓励我的客户像中世纪的骑士那样思考。在中世纪,当骑士们骑马比武时,他们戴着头盔遮住脸。在他们骑马比武前,决斗的骑士们会举起他们的头盔,向观众露出他们的脸。我们现代的敬礼就源于这一举动,我们将手高举并超过自己的眉毛,这种方式就是让旁观者知道面具后面真正的人是谁。

在商界中最成功的沟通者,是那些卸下了面具的人。他们表明了自己真正身份,并通过揭示他们自己的人性弱点与听众建立关系。

那你要怎么做呢?其中一个方法是分享你的失败。揭示短处

登上顶峰

——沟通力与领导力助你登上职业高峰

是一种有效的方法来卸下你的面具,让人们发现其实你也和他们一样。你有挑战过,你也尝试过,但你失败了。

换句话说,成功的道路永远是曲折的。有一次攀登安第斯山脉的时候,在攀登的第九天,我和我的团队还有不到四个小时就能到达顶峰了,这时我掉进了一个裂谷。虽然最后团队里的每个成员都安全了,但是这个意外让我们丧失了登顶的机会,并迫使我们调整原来的登山计划来确保大家的安全。对于不同的职业而言,尽管我们都付出了努力,但有时也不一定能达到目标。因为我们无法控制所有的事情,所以我们往往很容易受到打击。同样,世界上伟大的领导者总是能展示自己脆弱的一面并且说道:"道路总是曲折的。"

如果你能让听众看到你作为普通人的一面,也会面临挑战、克服困难,并最终发现成功的路径,你就提升了自己的个人魅力,同时也增加了和他们持续联系的机会。

第二章

情感诉求：去获得金牌

四、理智与感情：史蒂夫·乔布斯的忠言

如何用赋予情感的方式来营销一个想法（产品也是如此），被誉为是大师级的营销。让我们看看史蒂夫·乔布斯在斯坦福大学毕业典礼上的演讲，这是我见过的最动人、最有效果的演讲。

在演讲中，乔布斯谈到了强大的力量，谈到了我们在工作中花费的海量时间。他问在场的听众，如果你一生中只打算做一件事的时候，你不想把它做得很出色吗？

他也给斯坦福2005届毕业生们一个很好的建议。他说："在过去的33年里，我每天早上都对着镜子问自己，如果今天是我生命中的最后一天，我还会做今天本来打算做的事情吗？当连续几天都是得到否定的答案时，我知道我需要改变一些东西了。"

在斯坦福大学的演讲快要结束时，乔布斯的行动号召也同样很有趣。他说："我年轻的时候，得到了一个很好的建议，那就是要虚心若愚，"他接着又说："虚心若愚，求知若渴"，这两个行动号召就是他留给听众的。

登上顶峰

——沟通力与领导力助你登上职业高峰

他展现出了自己显而易见的脆弱性。他在不断提醒我们："当你有任何疑问的时候，应该刨根问底的提出问题。"他谈到了虚心与渴望是如何引发求知欲的，而求知欲又是如何驱动我们建立内在品质和无形价值的，这种内在品质和无形价值对于我们而言太重要了，甚至于我们都无法去具体衡量它们的重要性。

乔布斯常常会是在场人群中最聪明的那一个。但是我们注意到，他在演讲的时候经常会用情感去掩饰他的智慧。当乔布斯介绍 iPod 的时候，他没有谈论任何关于硬件和软件的问题，而是谈论着在你的口袋里有一千首歌的前景。他表述的言语，易于遵循、充满情感而且可以很容易地在听众之间传播。

乔布斯的沟通策略很简单，这个最聪明的人并没有使用事实和数字，而是带着朴素、富有能量、高于一切的信念与听众进行交流。当你将简单的音调、创造力和情感这三种特质整合在一起时，你就万无一失了。当听众能够吸收所有的信息时，他们就会支持在你的演讲背后想要表达的想法。

对于听众来说，理智与情感之间的斗争往往是非常激烈的。他们情感上想要做某件事，但理智上却告诉他们去做另一件事。

第二章

情感诉求：去获得金牌

大多数演讲者开始总是用理智去赢取听众的心，但是我鼓励我的客户反过来做。要先赢取客户的情感，他们的理智也将随之被征服。

第三章

带着坚定的信念去演讲：承诺的勇气

Totally like whatever, you know?

In case you hadn't noticed,

it has somehow become uncool

to sound like you know what you're talking about?

Or believe strongly in what you're saying?

Invisible question marks and parenthetical (you know?) 's

have been attaching themselves to the ends of our sentences?

Even when those sentences aren't, like, questions? You know?

Declarative sentences ——so – called

登上顶峰

——沟通力与领导力助你登上职业高峰

because they used to , like , DECLARE things to be true , okay ,

as opposed to other things are , like , totally , you know , not——

have been infected by a totally hip

and tragically cool interrogative tone ? You know ?

Like , don't think I'm uncool just because I've noticed this ;

this is just like the word on the street , you know ?

It's like what I've heard ?

I have nothing personally invested in my own opinions , okay ?

I'm just inviting you to join me in my uncertainty ?

What has happened to our conviction ?

Where are the limbs out on which we once walked ?

Have they been , like , chopped down

with the rest of the rain forest ?

Or do we have , like , nothing to say ?

Has society become so , like , totally ...

第三章

带着坚定的信念去演讲：承诺的勇气

I mean absolutely ... You know ?

That we've just gotten to the point where it's just , like ...

whatever !

And so actually our disarticulation ... ness

is just a clever sort of ... thing

to disguise the fact that we've become

the most aggressively inarticulate generation

to come along since ...

you know , a long , long time ago !

I entreat you , I implore you , I exhort you ,

I challenge you : To speak with conviction.

To say what you believe in a manner that bespeaks

the determination with which you believe it.

Because contrary to the wisdom of the bumper sticker ,

it is not enough these days to simply QUESTION AUTHORITY.

登上顶峰

——沟通力与领导力助你登上职业高峰

You have to speak with it , too.

——泰勒·马里

（诗词大意：即使你代表了权威或者你坚信自己的观点，但当你使用问号的时候，人们会对你的立场产生怀疑。因此要尽可能使用陈述的语句，并且不要用过长的句子。我们说话如果软弱无力或含糊不清，那将会削弱我们坚定的立场。所以一定要带着坚定的信念去说话。）

我赞同泰勒·马里的诗句所表达的意思。

马里和我工作在不同的世界里。他是一个伟大的诗人，周游全国进行诗韵般的演讲，任教于学术研讨会，并做一些商业配音的工作。而我作为一个职业演说家和领导力培训师，更多的是在企业里工作。

然而，我们都有一个坚定的承诺，那就是帮助人们在生活的每一个舞台上，带着坚定信念进行演说。马里的诗充分强调了选词的重要性，并且尽可能地减少词汇的填充，以增加有效沟通传达信息的机会。

什么是填充词？就是你在生活中的每一秒都会听到的词语。

第三章

带着坚定的信念去演讲：承诺的勇气

这些词包括：好像、完全地、我的意思是、嗯、你知道的，等等。无论是在工作还是社交场合，这些空洞无聊的词汇都会不知不觉地出现在演讲中。

然而，出色的演讲者会避免像瘟疫一样使用填充词，他们知道填充词或多或少地会降低听众对自己的信任。填充词是不确定的词语，它们是非常脆弱的，它们会极大地削弱表达效果，从而影响到你向听众传递的信息。

举个例子来说。曾经有一组以大学生为对象的研究[1]，研究中要求学生们对经常说"嗯"和"哦"等词汇的人进行描述。结果不出所料，学生们的评价如下：

▲ 感觉不舒服。

▲ 口齿不清。

▲ 乏味。

▲ 缺乏充分准备。

---

[1] Jamie L. Pytko and Laura O. Reese. "The Effect of Using 'Um' and 'Uh' on the Perceived Intelli－gence of a Speaker," College of St. Elizabeth Journal of the Behavioral Sciences, (Spring 2013): 1－21.

登上顶峰

——沟通力与领导力助你登上职业高峰

▲ 紧张。

▲ 单调。

▲ 不老练。

▲ 缺乏自信。

还需要我多说什么吗？

滥用填充词是一种会影响你演讲效果的措辞选择。软弱无力、含糊不清措辞也会降低听众对你演讲能力的信心。下面这个例子，讲述了使用这种措辞将如何影响你的职业前景。这个例子是关于我的一位行业同事，他雇用了一名应届大学毕业生约翰。约翰的工作是将来自各部门的数据进行整合，并向管理层提交汇总的报告。

在约翰工作的第一个星期，他的老板问他报告是否能在下午五点准备好，约翰的回答是"应该能在五点准备好吧"。他的老板十分生气地对约翰说："你知道你现在要做什么吗？你现在马上挂断电话，过几秒钟后再打给我，告诉我报告肯定会在下午五点准备好。"

想想这两种回答之间的差异。在这种双向交流的过程中，

第三章

带着坚定的信念去演讲：承诺的勇气

"应该"这种词语是无法给到对方信心的。在约翰的公司里，准备报告这项任务是不允许有不确定性的。无论来不来得及，报告都必须在下午五点准备好，这是老板期望约翰能履行的职责，最好在准备递交报告时不要留下任何疑问。

对于约翰来说，那次对话是一次很好的学习机会。在现在的工作中，他每周都会提前几个小时递交报告，并尽量不使用"应该"或者"可以"等词语，他已经获得了经理对他的信心，因为现在经理知道约翰会言出必行。同样地，当最好的演讲者站在舞台中央时，他们需要传达同样的信心和信念。

如果你的讲话软弱无力、含糊不清，会有人跟随你爬到山顶、走进赛场或是冲上火线吗？会有人要买你推销的东西吗？

想成为一名领导者，就需要凸显你的实力，而这种实力是可以通过沟通体现出来的。但是，首先也是最重要的就是你选择措辞的标准。

对现在的年轻人（从"70"后到"00"后）来说，填充词的过度使用是一个比较严重的问题。

信念坚定的演讲不仅要求尽量少用填充词，而且还会表现在行为和反应中。在一个多世纪前，哲学家托马斯·卡莱尔说过，

登上顶峰

——沟通力与领导力助你登上职业高峰

"信念是毫无价值的,除非它转化为行动",当你去问各行业的企业家在创业时面临了哪些的挑战,他们基本都会同意卡莱尔的假设。

创业需要三个要素:勇气、资本与信念。作为一个创业者,这三个要素缺一不可,但其中每一个要素的作用又都会以不同的方式体现出来。勇气可以被感知、资本可以被增加,唯独信念必须通过展现才能显示其价值。

当问到在 Upfront 风险投资公司工作的马克·舒斯特,喜欢选择什么样企业家进行投资时,他的回答是:"我相信我与合伙人做出的每一个投资决定都是很艰难的,因为要决定数百万美元的投资是很不容易的。但是在我们内部的决策过程中,决定性因素是信念[①]。"

[①] Truster, Mark. "Why I Look for High Convention, not Consensus, in Venture Captial Decisions." September 26, 2015. http://www.bothsidesofthetable.com/2015/09/26/ why‐i‐look‐for‐high‐conviction‐not‐consensus‐in‐venture‐capital‐decisions/.

第三章

带着坚定的信念去演讲：承诺的勇气

勇敢面对，不要躲避：亚历克·葛特
展示信念的形式

看看所走过的路，作为一名多家企业的创办人，葛特与他人共同创建了 Axiom 律师事务所①，并重新定义了律师行业的实践规则。当你将自己的激情和信念传递出去时，你会看到信念的力量是多么的强大。

当谈到与投资者打交道的时候，葛特描述了他遵循的一个黄

---

① Axiom 是美国顶级律师事务所之一，是一家典型的"虚拟"律师事务所。Axiom 倡导生活和工作的平衡，吸纳有资历的优秀律师为客户提供服务，也更强调低成本运营和低价格服务。Axiom 在全球拥有 1200 名律师，而办公区只属于律师以外的工作人员，他们的经营模式就是"整合供需方市场"，针对美国国内出现的部分律师压力大，又想兼顾家庭生活等需求，Axiom 将这部分律师整合在一起，为他们提供客户资源。只要将律师派驻客户单位，律师的服务就由客户评定，如若对派驻律师有任何不满，Axiom 都可随时进行更换以满足客户需求。为了将营销、服务做好，在办公室的工作人员则分别承担管理、营销和信息化处理职能。

登上顶峰

——沟通力与领导力助你登上职业高峰

金法则：在每一次会议中，或多或少的都会流露出自己性格上的一些弱点。他坦然承认，他并不知道为什么，但却总能收到很好的效果。事实上，他总是首先向人们展示自己的弱点，这有助于他与别人建立真诚的信任和长期的联系。

就像他所创建的企业一样，正是因为他有一个坚定的信念要完成这个使命，才成功地创建了 Axiom 律师事务所。Axiom 律师事务所的目标是提供卓越的法律服务，从传统的律师咨询市场中占据一部分市场份额。他和他的搭档马克·哈里斯，建立了这家律师所，颠覆了法律咨询行业的现状，改变了这个行业过去的形态，并成为了国内最大的律师事务所。

开始的时候，Axiom 只有两个人，他们坐在房间里孵育新的想法并付诸行动，在那里，始终有一个坚强的信念在支持他们。后来，葛特和哈里斯找到了与其志同道合的伙伴，并将共同的理念分享给他们。

"我们用真诚、成熟的沟通给予对方反馈，"葛特说，"我们不希望在我们的组织当中，有人无法做到这一点。这就是我们所说的要**面对**，而不是**躲避**。当你收到某些人的反馈或投诉时，你要第一时间给予他们回应，并直接和他们交谈，而不是把他们的

第三章

带着坚定的信念去演讲：承诺的勇气

抱怨转移到其他人身上。"

当你访问 Axiom 设在纽约的办公室，你会注意到，每个会议室都在讲述一个故事，这些故事是关于公司在这些年当中总结的一些特别的教训。在大厅里的一张桌子上，摆放着一个橙色的小册子，它包含了迄今为止 Axiom 所经历的各种回忆（包括喜欢的和不那么喜欢的）。

从表面上看，这些看起来像是在奋斗和面临危机时的故事，但当你认真地聆听和阅读这些故事的时候，你会发现这些故事是关于信念的力量，体现了面对疑惑时坚持信念的重要性。

这本小册子中有这样一个故事，它描述了一件发生在 2000 年的事情，这件事情强调了 Axiom 信念的力量。为了筹集加速增长所需的资金，哈里斯和葛特与很多风险投资家见面。在一家公司愿意将他们的创意商业化前，风险投资（VC）扮演了重要的角色。当 Axiom 的创始人与合作伙伴进行最后一轮的第一次会议时，VC 合伙人"以提问的形式进行了一次猛烈的批评"。葛特缺乏任何连贯的反应，在完全的绝望中几乎快钻到桌子下面去了，

登上顶峰

——沟通力与领导力助你登上职业高峰

这时哈里斯回答说:"请给予应有的尊重,约瑟夫①,你知道你刚才在说什么吗?"

16 年后,Axiom 成为一个蒸蒸日上的企业,在世界各地拥有 1600 名员工,这种成功很大程度上是因为葛特和哈里斯的强烈信念,以及他们独特的能够说服风险投资家、客户和员工的能力。

Axiom 的故事告诉我们,作为一名商人要有自己的想法和坚定的意志,并激发自己进行改变,他们在不确定性面前从来不会降低他们的目标。Axiom 体现了一名投资者和自助大师罗伯特·清崎②所说的话:"无论是在商业活动还是在生活中,成功的关键是诚实,能够予取予求,能够给予坦诚、善意的反馈,拥有坚强的个性和坚持原则的信念。"

Axiom 的例子还说明,如果我们对自己说的话都没有信心,为什么听众会对我们有信心?如果我们都不相信自己所传递的信息,那又如何希望其他人能向我们的事业靠拢呢?

---

①约瑟夫和他的合作人是 Axiom 的第一个 VC 投资者。
②罗伯特·清崎(英文名:Robert Toru Kiyosaki),1947 年 4 月 8 日生于美国夏威夷,日语名清崎彻(Kiyosaki Toru),第 4 代日裔美国人,投资家、企业家、教育家。《富爸爸,穷爸爸》系列书籍的主要作者,富爸爸公司合伙创始人,财商教育的领路人。

第三章

带着坚定的信念去演讲：承诺的勇气

决策和神经经济学①领域的专家本迪托·马蒂诺，在《自然神经科学》杂志上发表了一篇文章，他认为人的大脑具有一种能力，能够将自己想要的和有能力表达的东西直接地联系起来②。他的研究表明，越是比较有自信的人，随着时间的推移他们就越有可能维持这些信念。正是这些深层次的原理，导致了他们具备了一种能力，能够满怀信念的进行演讲。

信念不一定就能确保成功，但缺乏信念就很有可能会导致失败。一个个性化和深层次的信念，可以推动公司在质疑和讥讽下继续前进。信念驱动决策、信念承诺行为、信念承受风险、信念克服怀疑。这些观点可能不会即刻显现，需要随着时间的推移通过积极和消极的经验来验证，当然在许多情况下，也能在他人的成功和失败中得到印证。

一名领导力专家特拉维斯·布拉德伯里，在他的著作《情绪智力2.0》里提到："在商业领域，事情变化得很快，以至于下个

---

①神经经济学是一个新兴的跨学科领域，它运用神经科学技术来确定与经济决策相关的神经机制。

②De Martino B, Fleming SM, Garret N, and Dolan RJ. "Con dence in value – based choice." Nature Neurosci. January 16, 2013: 105 – 10. doi: 10.1038/nn.3279.

登上顶峰

——沟通力与领导力助你登上职业高峰

月将要发生什么事情都存在很大的不确定性,更不用说明年了。但是有信念的领导者,却能为每个人都创造一个确定的环境。"

信念的使用也需要保持一个谨慎的平衡。因为信念也是一把双刃剑,可以为你所用,同样也可以被其所伤。在培训客户的时候,我们讨论了一条有趣的箴言,这个箴言是由芬兰具有影响力的沟通理论大师奥斯莫提出的。这条箴言的内容是关于听众如何解读我们的话语。语言就像是一种强大的武器,在正确使用时它是一种宝贵的财富,但如果使用不当,也会导致自我伤害。

在我们沟通的时候要牢记奥斯莫总结的三条真理:

1. 沟通通常是失败的,除了偶然的因素

事情的真相是,沟通常常会失败。那些沟通技巧很差的演讲者,几乎没有机会让任何一个听众准确的理解他想要表达的意思。但即使是优秀的沟通者,也需要在各种因素的共同作用下,才能使自己预期表达的信息完全被听众所接受。

第三章
带着坚定的信念去演讲：承诺的勇气

2. 如果一个信息可以通过几种方式来解释，它最终将被以最大曲解的方式来理解

当你与听众交流一个想法，特别是当你为数百人演讲的时候，你的听众将采用阻力最小的方式来获取信息，他们会用自己想要的解释方式来理解你的话语。他们会告诉你他们自己所理解的意思，但这很可能不是你实际上想要表达的意思。

3. 总是有人比你更清楚你想要表达的是什么

奥斯莫认为权力集中在听众手上，而不是演讲者。如果你不能表达你真正想要交流的信息，那么就会削弱你行动号召的力量。

我发现这些真理具有特别的见地。正如下面的例子所示，如果你没有很好地利用它，信念的力量也可能对你造成损害。

有的时候，短短几句话就可以在十几秒钟内摧毁整个公司。想象一下，你有没有说过一些想要立即把它们收回来的话？但这

登上顶峰

——沟通力与领导力助你登上职业高峰

时已经来不及了,你造成的损害已经无法避免。这是任何一名演讲者的噩梦,在任何时间、任何地点甚至是对于最成功的商人来说,都可能会发生。

下面这个例子被称为"拉特纳效应①",它是以杰拉德·拉特纳的名字命名的。拉特纳是一个号称"珠宝帝国"的前任首席执行官,该公司旗下的商店包括 Ratners、H. Samuel、Ernest Jones、Leslie Davis、Watches fo Switzerland 以及包括 Kay Jewelers 在内的超过 1000 家商店。虽然这些连锁店被媒体和其他珠宝商认为是"俗气"的,但是它们的确成功地为拉特纳赚取了数十亿美元的财富,也让他在 20 世纪 80 年代成了英格兰家喻户晓的人物。

1991 年 4 月 23 日,这个"珠宝帝国"似乎在一瞬间就崩溃了。那一天,拉特纳在为一群有影响力的商人和记者演讲,演讲的主题是如何在短时间内从一个家庭小作坊成长为一个企业帝国,而就是这次演讲,被认为是商业史上最大的失误。

---

① 又称"责任扩散效应",是指当发生了某种紧急事件时,如果有其他人在场,那么在场者所分担的责任就会减小。因为每个人都认为助人的责任和助人的失败所带来的可能成本应由大家共同承担,也就是说提供帮助的责任扩散到其他人身上。

第三章

带着坚定的信念去演讲：承诺的勇气

在演讲中，当听众中有人问他为什么卖的东西如此便宜。他的回答是："我们提供廉价雕花玻璃的雪莉酒瓶和有六块玻璃的银质托盘，所有这些仅需要 4.95 英镑。有人问我'你们怎么能以这么低的价格销售产品呢？'我说，这些都是狗屎。"他继续说："拉特纳集团卖的耳环就是比 M&S 的虾三明治还便宜，但是可能不会持续很久。"

这完全符合了奥斯莫宣称的第二条沟通真理，即听众不管你真正想表达的意图，他们会用自己想要的方式来理解你的话。拉特纳声称他的话被断章取义，而且他认为一个在私人的宴会上的演讲不应该被公开报道。他自己也承认："我偶尔会在谈话中带着一些幽默感，而且过去我也常常这样做。"但是记者们却会为了取悦读者，从不同的角度来解释拉特纳的话。虽然以前没有"推特"和"照片墙"这些社交工具，但他的言论第二天就成了全国的新闻。新闻一出，以前忠实的客户几乎都不再光顾他的商店了。

这件事情对公司利润的影响是灾难性的。几乎在一夜之间，公司的股价暴跌。正如 2007 年拉特纳在《每日邮报》里的一篇文章中所讲述到的："这个演讲导致我的生意、我的名声以及我

登上顶峰

——沟通力与领导力助你登上职业高峰

的财富付出了沉重的代价。我65万英镑的年薪没有了,而且一夜之间,我看到公司的市值蒸发了5亿英镑,销售额减少了10亿英镑,时至今日,公司依旧没有恢复过来。"虽然在后来,拉特纳卖掉了大部分公司的股份以试图挽救他的业务,但他还是在1992年11月被公司新任领导人扫地出门。1993年12月,该公司随后更名为图印集团,新的管理层借此与拉特纳划清界限。

"doing a Ratner"作为一个专业术语被收录进了英语词汇,指的是自我伤害以至信誉坍塌,在某些情况下甚至摧毁整个企业。"拉特纳效应"证明了"墨菲定律①"也是同样适用于沟通中的。任何错误的话语,随时都可能会出现。

我们都想让自己的演讲听起来正面、权威、自信,但是当我们在说话的时候,有时会显得很糟糕。错误的词语选择、不恰当的层次段落、不恰当的上下文顺序都会给我们带来很大的麻烦。

坚定的信念体现在很多方面。它不仅体现在正式的演讲中,

---

① "墨菲定律"是一种心理学效应,是由爱德华·墨菲提出的。其原文为:如果有两种或两种以上的方式去做某件事情,而其中一种选择方式将导致灾难,则必定有人会做出这种选择。具体内容包括四个:第一,任何事都没有表面看起来那么简单;第二,所有的事都会比你预计的时间长;第三,会出错的事总会出错;第四,如果你担心某种情况发生,那么它就更有可能发生。

第三章
带着坚定的信念去演讲：承诺的勇气

而且也体现在与同事、客户的对话中。当你说话的时候，要小心地选择你的用语。当你在演讲台上学到了使用信念的技巧以后，你也可以将这些技巧运用到日常的会议和互动交往中。

虽然坚定的信念也可能会导致自我伤害，甚至是摧毁一个公司，但它对于颠覆行业现状，建立一个繁荣的公司组织也是非常重要的。不要惧怕！要利用它作为自我提升和职业发展的工具。如果你发现自己在某些情况下还不知道该表达什么，那么请遵循泰勒·马里的格言："我恳求你，我乞求你，我劝说你，我挑战你：用信念说话。"

第四章

肢体语言：嘴巴张开前先用身体说话

"只有在最紧急的时候,你的身体和你的头脑才会紧紧连在一起。这就是决定如何衡量你的价值的最佳时刻。"

——埃尔文·李·科雷(健身爱好者、领先的教育家、体育教育与健康学科专家)

当你准备开始演讲时,其他人(通常是典礼的主持人)会向听众介绍你的背景以及你所取得的一些成就,然后会说:"欢迎约翰·史密斯上台。"

当主持人介绍完之后,你站在那里面对着听众,一句话都还没说,但通常已经能听到听众们的掌声了。总的来说,听众们都不会吝惜给你掌声。虽然你还没有赢得他们的赞赏,但他们往往会先热烈地欢迎你。

然后就是演讲开始了。停顿……停顿……停顿……在逐渐减

登上顶峰

——沟通力与领导力助你登上职业高峰

弱的掌声和你开口讲的第一句话之间有三秒钟的沉默。在那短暂的时间里会发生什么?很明显,此时此刻所有的人都在打量你。

每当你站到讲台上的时候都会如此,观众会打量你站立的姿势、你的穿着、你的眼神还有你的气度,然后做出自己的判断。

你看起来值得信赖吗?有能力吗?有信心吗?你将带给大家什么样的共鸣呢?大家是要接受你还是逃避你?这一切都是基于你给听众的非语言暗示。

许多人花费数小时来斟酌他们的演讲稿,很小心地选择恰当的词语。但当他们站在演讲台上的时候,却只有一点或者根本没有注意到听众正在对他们做出视觉上的判断。

这是一个误解。在20世纪60年代,加州大学洛杉矶分校的阿尔伯托·梅拉比安,通过广泛的研究证实了言语与非言语沟通的重要顺序。他在著作《沉默的信息》里提到:

▲ 55%的沟通是通过非语言——你呈现的气度。

▲ 38%的沟通是通过口头表达——你表达的方式。

▲ 7%的沟通是通过词汇——仔细的选择。

这些判断是以闪电般的速度做出的。事实上,我自己的研究

第四章
肢体语言：嘴巴张开前先用身体说话

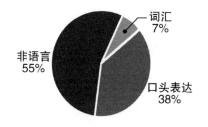

表明，别人在初识你的7秒钟内就决定了对你个人的判断。而且这些最初的判断往往被证明是最关键的，甚至是可以用来预测你的演讲是积极的还是消极的。

如何避免出现负面的第一印象？第一步是要打量你在镜子里的样子。不要过分在意你的外表，但是要得体。你剃胡须了吗？你穿了一套不太合适你的西装吗？你今天显得很不愉快吗？在你踏上演讲台前，要先整理清楚这些情况，要将你自己以最好的状态呈现出来。

如果听众走神了或者去思考其他事情了，那么你演讲的有效性就大打折扣了。他的领带太短了，他的扣子没扣好，他的衬衫上覆盖着绒毛，等等，一旦听众开始打量你的外表，他们就可能会受到干扰而分神，也就可能不会用心听你讲话了。

想想那些活跃在舞台上的优秀演员。他们有着正面积极的自我形象，乐观、充满希望和信心，总是带着良好的情绪来与你进行沟通。

登上顶峰

——沟通力与领导力助你登上职业高峰

我们往往先会思考自己的能力和天赋,然后才有勇气认识到自己的错误。每个人都会犯错误,关键是要汲取经验,不要再犯同样的错误。不必刻意追求完美,但是要追求进步。要用与时俱进的方式来思考,就像思考你如何一步一步地爬上一座高山一样。

一、"看到的即是认知的":取自《鲨鱼坦克》[①] 节目里的经验

尽管你不会总是通过书的封面和封套来判断一本书,但产品包装设计师创造一个利基市场[②],这个市场就是基于消费者如何

[①]鲨鱼坦克(Shark Tank),又称创智赢家,是美国 ABC 电视台的一系列发明真人秀节目,该节目是一个提供给发明创业者展示发明和获取主持嘉宾投资赞助的平台,该剧主要讲述一群怀揣梦想的青年带着他们的产品来到节目,通过说服5位强势的、腰缠万贯的富翁们给予他们启动资金,让梦想成真。

[②]也称小众市场,指向那些被市场中的统治者或有绝对优势的企业忽略的某些细分市场或者小众市场,指企业选定一个很小的产品或服务领域,集中力量进入并成为领先者,从当地市场到全国再到全球,同时建立各种壁垒,逐渐形成持久的竞争优势。

第四章

肢体语言：嘴巴张开前先用身体说话

根据外观而选择购买产品的。

无论喜欢与否，你的着装最能体现你自己的形象。舒适性可能有助于提高效率，但如果我们是处在一个到处都在谈论品牌的时代，拖鞋、运动裤、牛仔裤这样的着装，可能无法帮助你走向成功。

你可能会认为有些装扮表达了你的个性，但同时你也传递了一个信息，就是你既不严肃，也缺乏职业精神，你不是为了真正的业务而来。适当的着装表达的是一种对工作和对同事的尊重。

当涉及着装，你最好看起来像那么回事，否则你可能会显得格格不入。这是达蒙·约翰的建议，他是美国的企业家、投资者、电视人物、作者以及激励型演讲者，著名的FUBU公司①创始人、总裁和首席执行官。他也是作为《鲨鱼坦克》的投资者而闻名于美国影视界的。

就约翰而言，我们都应该严格按照我们的职业和职位来着

---

①FUBU，世界知名运动休闲服饰品牌，1992年创立于美国。

登上顶峰

——沟通力与领导力助你登上职业高峰

装,而且总是需要穿着得非常严肃。

约翰认为,每个工作日都要穿着职业装,这是一个必须遵循的重要原则。我曾经在一本杂志上读到一篇关于约翰的令人难忘的采访:"你的着装需要和你的职业相匹配。建筑工人不能穿着丝绸上班,他们的工装是工作服和安全帽。如果你是在高科技公司上班的程序员,当你穿着一件漂亮的套装走进我的房间,我无法相信你会在一个黑暗的房间里编写4天的程序。所以,你的穿着一定要符合你自己的工作,你是做什么的①。"

约翰说,他的法则特别适用于在金融行业工作的人。如果穿着松垮的西装和戴着一大串珠宝,大多数人会怀疑你对资金的管理是否严谨。我们对别人的判断都是通过两种方式:要么是他们的外表,要么是他展现出来的能力。

一个人如果没有得体的外表,那么约翰肯定不会选择他。什么叫得体?得体并不一定就是昂贵,约翰举例说,你可以花6000美元买一套布里奥尼牌的西装,但如果看起来不舒服或剪裁的不

---

① Kim Lachance Shandrow. "The Stars of Shark Tank on How to Dress for Success," Entrepreneur (September 22, 2014) http://www.entrepreneur.com/article/237709.

第四章

肢体语言：嘴巴张开前先用身体说话

适合你，那么它反而会影响别人对你的印象。

虽然有些中年商业偶像，现在似乎穿得很随意也会倍受尊重，但他们仍然继续专注于他们的穿着。"在《鲨鱼坦克》里，我对于我的着装花了很多心思"，约翰说："我的衣服总是会比别人的颜色更鲜明，我从不在室外大型工作室戴袖扣。我的领带采用温莎结系法并会有一个很大的领结，我会选择一个亮一点的颜色。不那么炫耀但要能代表我自己。"

当约翰在接受美国财经频道彭博社或 CNBC 的采访的时候，他的穿着比较低调保守。他说："我穿合身的细条纹西装，打着领带。这样的着装可以呈现出我不同的一面，因为我是作为一名金融专家在接受采访。而在《鲨鱼坦克》上，我是一个专业的生活品牌的投资者，我的穿着必须体现出这一点。"

他从《鲨鱼坦克》中学到最大的经验是注重时尚细节的重要性。不仅仅是西装，人们还会注意到你的指甲是否修剪，鞋子是否擦亮。如果你戴上像约翰在节目上戴的耳环，无论是否刻意，都可能会成为你公众形象的一部分。

引用约翰的话："一切都很重要，一切。"

二、非言语沟通的五种类型

就算我们还没有开口,我们也可以通过自己的穿着、姿势和肢体语言来表达我们想说的话。

当我和客户一起工作的时候,我通常将非言语沟通分成五种类型。

应该指出的是,这五种类型里面有四种是负面的。言外之意是,不恰当的非言语沟通比用语言表达更容易造成自我的伤害。

1. 进取性的(负面)

当演讲者不确定如何回答一个问题,或者当他们试图用肢体语言来凸显自己的时候,这些姿势往往会出现。

▲ 手放在臀部。

▲ 侵犯个人空间——近距离。

第四章

肢体语言：嘴巴张开前先用身体说话

▲ 咄咄逼人的手势——用手指来指去。

▲ 站在某人附近。

▲ 握手过紧。

2. 防守性（负面）

当谈到防守性的姿势时，想想一个拳击手如何用他的手套来保护他的脸。因为对手想击打他的鼻子，所以他的拳头始终是交叉向上的。

▲ 交叉的胳膊或腿。

▲ 耸肩。

▲ 缺乏眼神接触。

▲ 身体倾斜。

3. 紧张（负面）

想想那一刻，当你在演讲中，你感觉到喉咙发痒并开始咳嗽，而且无法停止。此时你会感觉到不适和虚弱，这些都将使你的演讲失去说服力。

▲ 咬指甲。

▲ 咽干/咳嗽。

▲ 羞红的面部、颈部、胸部。

▲ 轻轻握手。

▲ 避免目光接触。

4. 沉闷（负面）

避免给人留下这样的印象：你是被强迫站在那里进行一场毫无意义的演讲，而不是出于自己的意愿。

第四章
肢体语言：嘴巴张开前先用身体说话

▲ 环顾四周。

▲ 看着手表。

▲ 手指敲击桌面。

▲ 打哈欠。

5. 兴趣（正面）

这些都是增进友谊、关心或同情的积极姿态。向人们展示你愿意聆听他们的想法，这是非常棒的。

▲ 坚定的握手。

▲ 良好的眼神接触。

▲ 自信的姿态和手势。

▲ 显示兴趣——点头/轻微的倾斜。

▲ 灿烂的笑容。

三、肢体语言中应该做的和不该做的

演讲者的这些肢体语言会为他们的听众创造重要的视觉线索。一旦你习惯了运用这些非语言的表达方式，就可以试着让你的听众了解你的感受。下面是一些你可以使用的技术，能最大限度地提高你的肢体语言能力，并让你成为一个更具说服力和高效的沟通者：

1. 你想要传递什么信息

很多人称之为"共鸣"，就像是在音乐界里众所周知的"摇滚明星"所带来的效应。在你开始演讲的时候，无论你是走进会议室还是踏上讲台，想想你所处的环境，你要选择积极的态度。你想看起来很强大？很脆弱？还是很有信心？

第四章
肢体语言：嘴巴张开前先用身体说话

2. 如何保持站立的姿势

高度和空间在肢体语言上通常体现了地位和权利。站得高，拉直你的肩膀，保持你的头部直立高昂，这些都是信心和能力的体现。

3. 如何接纳别人

在一次演讲或会议结束后，当摄像机关闭时通常奇迹就发生了。你进行了一场演讲并且引起听众们的反应，此时就会有人想接近你与你交谈。记得保持微笑，这是你传递的一个信号，以示你的友好和平易近人。

4. 如何通过眼神进行交流

眼睛是灵魂的窗口。如果你直视人们的眼睛，他们就很难将目光移开，他们和你会产生直接的情感交流并看着你。尝试做一个注视对方眼睛颜色的练习,这是保持注意力集中的一种方式。你是否经常听到:"他甚至没有看着我的眼睛?"

5. 如何握手

这是建立融洽关系最快的方法。我们常常通过握手去接触别人,并说:"我很高兴见到你,这是我的荣幸。"握着他们的手,不要太紧也不要太松。不应该是软弱无力的,因为这可能是他们将来想起你的方式。

6. 如何做手势

避免看起来像排练,就像是一个受过训练的机器人那样。当你演讲的时候,要像你在平常生活中一样使用手势,要非常的自然。当你的手在哪里停止挥动,就让它在那里自然的结束。

每一次会面,无论是培训会议还是商务午餐,都是你结交朋友、扩大人脉网络和接触专业人士的独特机会。你的手势和身体的动作应该使周围的人确信,你是精力充沛的和充满活力的。

第四章

肢体语言：嘴巴张开前先用身体说话

留下积极的第一印象是至关重要的。你只有7秒钟的时间，但如果你处理得当，7秒钟的时间就足够了。在你准备演讲的时候，请记住，在你开口前肢体表达就已经开始了。

西恩·贝洛克博士是芝加哥大学的心理学教授、世界领先的脑科学专家，专注于研究"压力下的窒息"。2012年4月，她发表了文章《公开演讲的恐惧》，声称社会评价的威胁使得公开演讲非常令人不安[1]。即使准备得很充分，为什么还是有些人站在台上会失去冷静？能够使紧张最小化、影响最大化的正确策略是什么？

在她的研究报告中提到，近20年来，研究人员邀请实验对象进入她的实验室，并要求他们准备一次演讲。这样做的研究目的是，搞清楚在这样的情况下是什么导致了压力的产生，以及如何克服相关的挑战。

---

[1] Beilock, Sian PhD. "The Fear of Public Speaking." Psychology Today. April 25, 2012. https://www.psychologytoday.com/blog/choke/201204/the-fear-public-speaking.

登上顶峰

——沟通力与领导力助你登上职业高峰

这个研究是基于特里尔社会应激测试①。每名志愿者进入房间,面对着由三人组成的专家小组,要求做一个5分钟的演讲。目标是说服这个专家小组,他(她)是这个实验室里最适合的候选人。他们有10分钟的时间准备,并被告知最终的评价是基于他们演讲的内容和风格。

随着摄像机的转动,每个人都站着进行陈述。为了增加更多的压力,当演讲结束时,他们被要求从1022开始每隔13个数往回计数,而且要尽可能的快和准确。

贝洛克引用这项研究的成果,说明了公众演讲是引起紧张反应的"一种清晰和可靠的原因"。然而,一次演讲并不是导致紧张的唯一因素。特里尔社会应激测试表明,之所以会引发焦虑,是因为它还包括了各种社会评价的要素。总的来说,当人们评判演讲者和他们的表现时,演讲者害怕被评价的原因是害怕别人嘲笑。

---

①TSST是由特里尔大学的Kirschbaum教授在1993年设计的心理应激测试手段,它的最大优点是可以应用于实验室研究。采用TSST技术的大量研究发现,经历此应激情境的被试不仅在主观评定上表现出应激反应,而且在客观上也都表现出显著的应激生理反应:下丘脑——脑垂体——肾上腺(HPA axis)活动的改变,体内荷尔蒙水平改变。

第四章
肢体语言：嘴巴张开前先用身体说话

对于如何减轻公众演讲带来的压力，贝洛克的建议是：如果你每个星期花一点时间嘲弄一下自己，将有助于减少在准备演讲时的恐惧。她还建议每个人都参加一个表演或即兴创作的课程。

贝洛克的研究强调，当你有过最糟糕的演讲经历后，在你以后的演讲中就不会再感到压力了。最终，你会习惯于按照脚本自然地进行演讲，减少焦虑并成长为更自信的演讲者。

第五章

拉近与听众的距离：传授，不要说教

哈佛大学成立于1636年，是美国最古老的高等学府。虽然没有正式地加入任何一个教派，哈佛曾经的主要目标却是培养神职人员。他们教导学生的方式和现在教授的教学方式基本相同。他们塑造各种职业行为，使学生们成长为具有说服力的牧师和传教士。

学生需要学习圣经，学习如何进行宗教布道。教授们的任务是教给学生硬技能（知识的结构）和软技能（如何正确沟通的技巧）。学生们通常会站在一个远离会众的高架讲台后面，通过说教、宣扬等方式将知识传递给会众，而会众则会坐下来，听一听，并吸收所有来自讲坛所传递的智慧。由于哈佛大学在培养良好的基督教绅士方面取得了成功，这种教育模式很快就得到了追捧。其他高等院校紧随其后，开始打造自己的教学方法。

镜头转回到现代，你会发现，大学演讲以及在商业世界的演

登上顶峰

——沟通力与领导力助你登上职业高峰

讲常常会以类似的方式进行。演讲者站在讲台后面,与他(她)的学生保持一定的距离,而且很少邀请听众参与或互动。

这是不幸的,我们被局限在了一个17世纪的传统习俗上。我们习惯地认为,演讲者和听众之间应该有一个隔离。这个由来已久的传统需要改变了,演讲和沟通不需要像17世纪的布道那样。当我们已经处于民主和互动的时代,为什么还要局限于一个命令和控制时代的古老传统呢?

也许过去沟通模式的设计,并不是为了让演讲者可以与听众建立一个融洽的关系,或者是亲密的个人联系。但在今天,当协作与联合已经占据了舞台的中心,我们演讲沟通的方法也应该与时俱进。

一、成为一个知识专家

为什么哈佛的教授要求他们的学生以特定的方式来布道。在17世纪,知识是稀缺的,演讲者向听众传授知识是义不容辞的责任。然而,现在通过谷歌,你却几乎可以获取任何主题的信息,

第五章
拉近与听众的距离：传授，不要说教

并快速接触到相关的基本知识。

现代的听众往往会对业界的"专业技能"很感兴趣，也就是通常所说的，世界需要专业知识。

医学是一个很好的例子。在过去，如果你去看医生，你会遇见一个全科医生。而到了现在，我们看到的是各种专家：心脏病、胃肠病、内分泌，等等。在金融行业里也是一样，不同行业中的从业人员拥有不同的专业知识，从抵押贷款证券到兼并和收购，这个世界将持续地需要各个行业的专业化人才。因此，就内容方面而言，演讲者可以通过在特定领域内拥有的专业知识实实在在地来实现增值。

同样是在现代，仅仅只是传递知识往往也是不够的，演讲者还有责任将他们的谈话和听众的需求相结合。当你在聆听一次布道或演讲时，你可能会问自己："我怎么才能运用你所说的话来帮助我的职业发展呢？"想要有效地传递你的内容或信息，就需要有积极的听众参与。当你准备结束演讲时，要有意识地进行行动号召，并以一种有意义的方式将行动号召与听众们联系起来。

登上顶峰

——沟通力与领导力助你登上职业高峰

入站营销①代理机构的内容营销执行师贾斯麦·亨利说:"当你鼓舞、取悦或是与你的听众建立简单的联系,其结果都能够提升你自己的品牌。"② 这是我想对现代沟通者所说的:不要过多的关注内容,重点要放在联系上。

不同于盲目地遵守惯例,当你在准备一次演讲的时候,想想实际上你要做什么,问问自己:"我的目标是什么?在我们沟通之后会有什么不同吗?"

二、移除障碍:锤炼社会关系和新的互动

认知神经科学家马修·利伯曼在他的著作《社会性》中指出,人对社会性的需求就像是对食物和水一样,是最基础的需求。

---

①是指通过推力拉动营销。入站营销的目的就是通过各种手段吸引读者或购买者到达指定的网站。入站营销也属于在线营销。

②Jasmine Henry. "Branding for Small Business: Lessons from Big Business." SocialMediaToday(July 2, 2013): http://www.socialmediatoday.com/users/jasminehenry.

第五章

拉近与听众的距离：传授，不要说教

虽然许多专家声称每个人是由自身利益驱动的，但利伯曼则表示，如果我们的社会纽带被威胁或破坏，我们将遭受很大的创伤。他断言，社会疼痛①的存在是一个迹象，表明人类文明的进化已经使社会关系成为一种必需品而不是奢侈品了。

回想一下很多组织的标语，例如："我们的目标是使你满意""我们全心全意为你服务"，或者是"出色的一对一服务是我们唯一的目标"，等等，想想这些在你的演讲和交谈时能起到什么暗示作用？

一个演讲者的主要目标是与他人互动，让这个目标从你的内心开始，你会发现所有其他的想法都始于这个目标。

为什么会有那么多演讲者在他们自己和听众之间设置了障碍？舞台、讲台、桌子。任何时候，当你站在一个障碍物后发表演讲，也许在演讲刚开始的时候，你就已经减少了与听众互动的机会了。

躲在讲台后面意味着观众几乎看不见你。你离得越远，他们

---

①社会疼痛是一种心理性疼痛，一般由社会关系上的中断或被排斥造成。社会疼痛患者往往会经历这种社会关系的缺失并会因此而感到痛苦。

登上顶峰

——沟通力与领导力助你登上职业高峰

就越难看到你的肢体语言并由此评估对你的信任度;你离得越远,他们就越不容易仔细地聆听。通常,我们都是离声源越近听得越清晰。

如果可能的话,演讲的时候要站在舞台中间,向观众展示你肢体语言的魅力。虽然你会感觉到不习惯,但你看起来会更坦诚,更具有惊人的影响力。

三、TED 的力量:在现代世界中消除距离

随着视频和电话会议时代的到来,你如何在这个充满大众传播的现代世界中得到更好的发展?哪里可以找到更好的模式来激励和鼓动听众的参与?

这并不难。到网站上搜索 TED TALK①,你会找到很多听众积

---

①TED 是美国的一家私有非营利机构,该机构以它组织的 TED 大会著称。TED 演讲的主旨是:Ideas worth spreading. Technology(T)指技术,Entertainment(E)指娱乐,Design(D)指设计。演讲使 TED 从以往 1000 人的俱乐部变成了一个每天 10 万人流量的社区。为了继续扩大网站的影响力,TED 还加入了社交网络的功能,以连接一切"有志改变世界的人"。

第五章

拉近与听众的距离：传授，不要说教

极参与的例子，这种演讲是没有讲台的。

世界上每17秒钟就有一个人在观看TED演讲，如果你经常上网的话，你可能会看过或听说过这个演讲的软件。

TED的演讲时间不多于18分钟，并且在TED会议和独立的TEDx活动现场进行拍摄，"他们的目标是分享值得向全世界传播的科学、技术、商业、文化、艺术、设计等内容。"①

TED演讲的制作技术是娴熟和精良的，使用了特定的照明和舞台上的视觉效果，有效地吸引了听众。在现场直播的听众面前，他们不断提高主题的相关性和参与性，使听众感到他们和演讲者同样的重要。

TEDx始于2006年互联网视频的一个实验，TEDx创办时只有6个会谈。当时，TEDx的制作人员不知道是否有观众愿意花18分钟来观看在线演讲，他们自己也承认，没想到TED演讲会在多年后这么火爆，取得了前所未有的辉煌成就。

如今，TEDx演讲的收看次数已经突破10亿次②。由此看来，

---

①http://www.ted.com/about/programs-initiatives/ted-talks.
②http://www.ted.com/about/programs-initiatives/ted-talks.

登上顶峰

——沟通力与领导力助你登上职业高峰

做实验也并非坏事!

我们从 TED 巨大的成功可以得出什么结论呢?人们都有浓厚的学习兴趣。TED 的成功在于它把握了关键的时机,强调了演讲以及沟通技巧的重要性,同时保证了适当的观众参与性。

观看一场优秀的 TED 演讲是一个感受鼓舞的过程。演讲者只有 18 分钟或更少的时间,他们不得不挑选最精华的部分来进行演讲。即使你是在 YouTube 上观看,他们也有办法让你感觉到身临其境,没有距离感,一切都可以沟通。

与那些极力向你推销商品的所谓专家的高能演讲相比,TED

第五章

拉近与听众的距离：传授，不要说教

比他们高端很多，TED不会让你马上有使用信用卡购买的冲动。但是，毫无疑问，TED却在寻求激励、说服并倡导变革。

大多数TED的演讲者都是令人耳目一新的、充满煽动性的、特定学科的专家。他们的演讲表现形式与我们以往在教堂、课堂或商务会议上看到的形式相反。当演讲者站在一个有超大屏幕作为背景的舞台上时，你注意到了什么？

▲ 他们的双手挥动自如。

▲ 他们身上连着麦克风，整个身体都呈现在观众面前，因为没有讲台或其他障碍物的隔离，所以没有什么能限制他们的发挥。

▲ 他们一边演讲一边走动，表现得很自然，有时会望着听众的眼睛，迅速与他们建立融洽的关系，拉近相互间的互动关系。

那些优秀的营销人员都知道，想在30秒钟内获得听众的注意力是一件几乎不可能完成的任务。通过保持简短、生动、有趣的方式，TED的制作人会让听众觉得自己也是演讲会上不可或缺

登上顶峰

——沟通力与领导力助你登上职业高峰

的一部分。

在 2015 年的秋天，我为德克萨斯大学奥斯汀分校的一名叫威廉·多德的学生培训演讲技巧。10 月 2 日，在内华达州的雷诺市，他用一篇华丽的获奖论文做了一次 TEDx 的演讲，演讲的题目是《透明度的陷阱——广播如何阻碍参议院审议》。他很好地掌握了"沟通者的 10 条戒律"，演讲产生了强烈的效果！没有讲台，没有手持麦克风，仅仅依靠威廉自己的身体、声音以及感情！他在现代世界的领导力沟通方面做了一次强有力的演讲并令人信服的付诸了行动。

TED 的演讲者吸引了你，向你讲述了动人的故事，让你觉得自己也非常重要，因为自己与他们没有距离、没有肤色之别并且拥有用不完的能量。目标是在 18 分钟内鼓励、说服和引起变革，并把它传递给别人。

这一点很像领导力沟通？绝对是的。

第五章
拉近与听众的距离：传授，不要说教

四、我心目中最棒的五个 TED 演讲

1. 肯·罗宾逊："学校会扼杀创造力吗？"

罗宾逊认为，多数人和组织承认目前的教育体系不能解决我们所面临的挑战，同时我们也在积极地做出改变。他那充满激情的言论强调，我们需要更好地去培养学生与生俱来的能力和创造力。对教育制度路径的反思是一个强有力的开始。他的谈话是引人入胜的、真诚的和强大的。

2. 艾米·卡迪："你的肢体语言塑造了你自己。"

社会心理学家艾米·卡迪指出，肢体语言会影响别人对我们的评价，同时也可能改变我们对自己的看法。这种有趣的非言语沟通的方式，作为个人和职业发展的路径，是思维的激发和行动的号召，是基于自我意识的需求。

3. 史黛西·克雷默:"我一生中最珍贵的礼物。"

这是一个感人的 3 分 17 秒的故事,关于一个可怕和痛苦的经历转变成了一个无价的礼物。它传递了信念、悬念和力量。有时少即是多。

4. 布伦·布朗:"脆弱的力量。"

这是有趣的、感人的与人交往的一个经验。布朗分享她对于同情心研究的见解,还有我们接受脆弱性的重要性。我爱她积极的态度和爱的精神。

5. 丹·阿雷利:"我们能控制我们自己的决定吗?"

行为经济学家阿雷利大胆地分享自己的研究成果,人类不是像你想的那样理性。听一个可靠的专家挑战传统的智慧来帮助我们做出更好的决定,这是非常棒的。

第六章

"三法则":一个神奇的数字

野外极端环境下生存的规则：没有空气，不能超过三分钟；没有遮蔽，不能超过三小时；没有水，不能超过三天。

——www.ruleof3survival.com

这是关于叛国与内乱的历史，是旧社会秩序的保护者和一群意图建立新社会的革命家之间的冲突。英国国王乔治三世之所以闻名于世，依靠的是他对殖民地的残酷统治。各种名目的苛捐杂税以及对反抗者的残酷镇压，这些都是令人悲哀的暴政。最终，所有的矛盾已经无法和平解决了，反抗是唯一的选择。让美洲革命开始吧！

1776年6月7日，在宾夕法尼亚州的费城，弗吉尼亚的代表理查德·亨利·李在大陆会议上提出了一份决议，他说："目前要解决的问题就是，这些联合起来的殖民地，他们应该是独立自

登上顶峰

——沟通力与领导力助你登上职业高峰

由的国家;他们应该免除一切对英国王室的效忠;他们应该完全解除与大不列颠国家之间的一切政治联系。"

随之发生的事情就是一份文件的签署,这是世界历史上最重要的文件之一。来自13个殖民地的56名代表签署了《独立宣言》,《独立宣言》直到现在仍然是一份优雅的关于人权的书面陈述。《独立宣言》的签署,代表的不仅仅是一个新国家的诞生。它也宣告了一系列自由的核心价值观,呼吁了整个世界对自由体系的讨论。

托马斯·杰斐逊,《人权宣言》的作者,将革命的概念提炼成三个核心理念:生命、自由和追求幸福。

"我们认为这些真理是不言而喻的,人生而平等,造物主赋予他们不可剥夺的权利,其中包括生命、自由和追求幸福。"这句话——"生命,自由和追求幸福"是永恒的,也是如此简单的。《人权宣言》是一首影响深远的诗歌,它是如此的有影响力,鼓舞了法国人民去追求自由和民主,事实上它的核心口号是:"自由、平等、博爱。"

这些口号运用了由古希腊人几百年前发明的经典修辞技巧:三个词语或短语在本质上容易被记住。《独立宣言》和《人权宣

第六章

"三法则":一个神奇的数字

言》中都使用了重名法进行修辞:即用三个词语来表达一个中心思想。作为一个口号或座右铭,这是一个被称为"三法则"的座右铭。在美国政府和美国武装部队的分支机构都有很多这样的例子,包括:

▲"责任、荣誉、国家"美国军事学院的徽章,是一种突出理想的表达方式。

▲"我们是精英,我们是骄傲,我们是海军陆战队"这是美国海军的口号。

▲"飞行、战斗、胜利"美国空军的口号。他们以前曾使用过"目标在高处"作为座右铭,在2010年用"三法则"进行了加强。现在的口号是一个"由两部分组成的内容,行动的号召和承诺的回应"。

"三法则"可以是单词、短语或句子的集合,三个一组,比方说一组有关联的人或物。"克林顿在做最后辩论的时候,联合了妻子希拉里和女儿切尔西一起出现在舞台上。"这种技巧通常用于口头叙事、电影和广告。例如,我们曾看过的电影:《三剑

登上顶峰

——沟通力与领导力助你登上职业高峰

客》《三只小猪》《神勇三蛟龙》等。

有一种三节连环加强语气的方法,它是"三法则"的一个具体应用。在这三个单词或短语中,长度和语法的形式是相同的,其中一些著名的例子包括:

▲"如果告诉我,我会忘记。如果教授我,我会记住。如果我参与,我会学会。"——本杰明·富兰克林

▲"我们不能奉献,我们不能圣化,我们不能神化这块土地。"——亚伯拉罕·林肯在葛底斯堡的演说

▲"如果有人怀疑美国是一个一切都有可能的地方,怀疑我们缔造的梦想是否还存在于我们的时代,怀疑我们民主的力量,今晚是你们的答案。"——贝拉克·奥巴马总统

在20世纪50年代,一位名叫E·圣埃尔莫·刘易斯的广告先驱,定义了广告文案的三个关键原则,他认为这对广告的有效性传播是至关重要的:

▲广告的使命首先是吸引读者,所以先要让他们看到广

第六章

"三法则"：一个神奇的数字

告并开始阅读它。

▲ 然后让他们感兴趣，并且继续读下去。

▲ 最后去说服他们，当他们再次看到广告的时候，他们就会相信它。

他认为，如果一个广告包含了这三个素质，就将是成功的广告。

对于演讲者来说，"三"一直是个完美的数字。如果我们只列出两件事情——黑与白、上与下、对与错，听众往往会反复对比它们。但如果你滔滔不绝地说出四个想法，听众往往会将你讲的内容忘掉一半。

除此以外，还需要有一定的节奏去连接三个概念，这样才能引起听众和读者的共鸣。例如，我们习惯了使用"三法则"来进行行动号召，想一想拍摄电影时的一幕：灯光，摄像机，开拍；或一场高中的田径赛跑：各就各位，预备，起；或者当你教孩子如何安全地过马路：停，看，听。

回顾历史，伟大的演说家早已习惯了使用"三法则"来增加无限的影响力。想想约翰·肯尼迪总统。如前所述，为了赢得太

登上顶峰

——沟通力与领导力助你登上职业高峰

空竞赛,肯尼迪总统了使用"三法则"来确保他传递的信息永久停留在听众的脑海中:"因为这个挑战是我们乐于接受的,因为这个挑战是我们不愿推迟的,因为这个挑战我们志在必得的。"

每当你坐下来写一篇演讲稿的时候,你头脑里要坚持"三法则"的核心思想。它不仅是将大量的信息转化为精华片段的有效方法,它更会帮助你表达令人难忘的信息。

我们使用"三法则"的另外一些例子包括:

▲ 圣父、圣子、圣灵:基督教教义身为神的三个人。

▲ 地球、风与火:70年代标志性的美国摇滚乐队。

▲ 噼啪声、噼啪声、爆裂声:爆米花麦片的广告创建于1930年,直到现在仍然是早餐的选择。

当你演讲的时候,要有意识地创造一种清晰、简洁和引人注目的秩序感。无论是过去、现在还是未来,让你的演讲有效、强大、令人难忘。要记住,想成为一名伟大的演说家,唯一的途径就是练习、练习、练习。

第六章

"三法则"：一个神奇的数字

案例研究：雪莉·桑德伯格，演讲的火花与"三法则"

2011年5月17日的星期二，美国社交网络"脸书"的首席运营官雪莉·桑德伯格，在巴纳德学院的毕业典礼上开始了她的演讲：

你可能不记得我说的每一个字。

你可能不记得你毕业典礼上的演讲者是谁（虽然有备案，但雪梨的代号只是一个S）。你可能甚至不记得那天下起了雨，我们不得不搬到室内去继续演讲。

但你会记得是什么事情让你感觉到你曾经坐在过这里、走过这个讲台、开始你生命里的下一个篇章。

我们注意到桑德伯格完美地运用了"三法则"，她还利用了首位效应。她熟练的重复使用这些技巧，很快就与她的听众建立了融洽的关系。当她用"你"来作为句子的开头时，就已经拉近

111

登上顶峰

——沟通力与领导力助你登上职业高峰

了自己与听众之间的距离。我建议我所有的客户观看或者至少阅读一下桑德伯格在巴纳德学院的演讲,因为这是一个很好的案例,她在整个演讲中成功地以不同的方式使用了"三法则"。

桑德伯格的演讲是基于合理的框架设计、相关的统计数据以及动人的故事情节。她的开篇和结束都具有巨大的影响力,她在45秒内就提出了主要问题,并运用"三法则"来介绍自己的主要观点与行动号召。在她的演讲结束之后,整个演讲内容立刻在网络上迅速传播开来,并在随后促使桑德伯格写下了她的那本国际畅销书《向前一步:女性、工作和领导意志》,而这本书的书名恰恰也使用了"三法则",从而产生了深远的影响。

如果你认真地观看桑德伯格的演讲,你会注意到她是多么频繁地依靠"三法则"来强调重点,并以轻快的节奏推动了她的演讲进程。

一开始,她使用"三法则"来纪念所有听众取得伟大里程碑的重要意义。"今天是一个值得庆祝的日子,今天是一个充满感谢的日子,今天是一个值得反思的日子。"

接着,她迅速地转移焦点,让每一个毕业生反思今天的重要意义。为了让听众思考她的话题,她问了三个问题:"你如此辛

第六章

"三法则":一个神奇的数字

苦地取得今天的学位,你将来想做什么呢?世界上有什么需要改变呢?你打算在其中扮演什么样的角色呢?"

桑德伯格引用了《半边天》这本书中的内容来回答自己提出的问题,这本书是由普利策奖①得主尼古拉斯·克里斯托夫和舍丽·吴顿合著的。桑德伯格巧妙地利用了历史背景,以一种特殊的方式来指导她的听众回答这些问题。

借鉴《半边天》中的内容,桑德伯格认为,在19世纪对基本道德的挑战是奴隶制;在20世纪是极权主义;而在我们这个世纪,则是对全世界女孩和妇女的压迫。这里她又精巧的运用了"三法则"。

在给巴纳德学院的学生演讲的时候,她甚至使用"三法则"来提醒大家"脸书"的使命:"连接整个世界,让世界更开放,让世界更透明。"

让我们思考一下桑德伯格在做什么。她转移话题并及时地将

---

① 普利策奖也称为普利策新闻奖。1917年根据美国报业巨头约瑟夫·普利策(Joseph Pulitzer)的遗愿设立,20世纪七八十年代已经发展成为美国新闻界的一项最高荣誉奖。现在,不断完善的评选制度已使普利策奖成为全球性的一个奖项,被称为"新闻界的诺贝尔奖"。

登上顶峰

——沟通力与领导力助你登上职业高峰

她的听众拉回到现在,然后通过一份强有力的声明打动听众:"当我们坐在这里看着你们穿着华丽的蓝色毕业袍,"桑德伯格说:"我们必须承认一个令人难过的事实:男性掌控着世界。"

如果留意演讲视频,你会注意到为了创造令人激动的演讲效果,桑德伯格在这个时候停顿了几秒钟,紧接着又用了由三个句子组成的排比句:

▲ 一个州共计190名官员,只有9名女性。

▲ 全世界各国的议会,只有13%的席位是女性。

▲ 美国大公司的高层管理者,15%是女性;在过去的9年里,这些数字没有任何提升。

桑德伯格通过对女性听众的演讲,在她们的头脑中种下了一粒种子。那么,她是如何利用"三法则"来延续她的话题呢?"今天,我们这一代将希望寄托于在座的各位。你们是让世界更加平等的希望,也是我们这一代人的希望。我们需要生活在社会各个阶层的女性,包括身处顶层的女性,都来成为推动变化的力量。重塑对话,让女性同胞的声音被听到、被注意,而不是听而

第六章

"三法则":一个神奇的数字

不闻、视而不见。"

她的结束语是一次充满激情的请求和行动号召:"我希望你们找到真正的意义、满足与激情。"

紧接着,她就让听众考虑这次演讲内容的重要性,并鼓励他们"今晚回家问问自己,'如果我不害怕我会怎么做?'然后就真的去做吧!"桑德伯格的结束语是一个经典的行动呼吁——真的去做吧!果然,在桑德伯格的演讲后,她的书也发行了,人们将她的想法付诸了行动。

桑德伯格的演讲以及那本书带来的激励,实际上是一次行动呼吁:"要改变人们的传统观念,将女人们不能做的事情变成她们可以做的事情。"这也成了一个战斗口号"让男性和女性的共同努力来实现全世界的性别平等",可以这么说,由这次演讲引起的一场运动已经演化成了一场革命。桑德伯格重新启动了女权主义运动,鼓舞了新一代有所作为的年轻人,并倡导了全世界的女性前进了一大步。

第七章

学会强调：标点符号的激情

2015年8月23日,《纽约时报》的头条:

中国股市的下挫蔓延全球市场

星期一,全世界股市经历了一场跌宕起伏的交易,让投资者怀疑政府官员能否使全球经济摆脱这次的危机。市场的剧变开始于中国市场的崩盘,类似的情形发生在1987年的美国,当时被称为"黑色星期一"。

像这样大型出版物的头版头条,在19世纪末变得非常流行,报纸之间的竞争加剧,导致各个报社经常使用大胆的方式来创造引人注目的头条。对于马上能够吸引读者的这些语句,报纸会使

登上顶峰

——沟通力与领导力助你登上职业高峰

用各种各样的印刷来修饰它们，包括粗体、下划线的短语、斜体字，等等，以此来增强人们的注意力。

即使是在今天，每当一个真正重大的事件发生时，报纸都会通过各种印刷的修饰技巧来提升这些事件在报摊上的关注度。2001年9月12日，《纽约时报》的标题"美国遇袭"，是巨大的黑体字母。子标题使用了稍微小一点的字母，但也比普通的字母大很多，"这是恐怖的一天，被劫持的飞机摧毁了双塔，并击中了五角大楼。"

需要更多的语句吗？几乎不用。报纸巧妙地排列了单词的顺序，使我们感受到了重要事件带来的深刻影响。有时真的会感觉很恐怖、轻蔑或愤怒："德国和意大利向美国宣战"。有的时候也属于一些纯粹的灵感："至高无上的荣耀！攀登珠穆朗玛峰！"虽然这些新闻可能包含几百个字，但往往正是这些醒目的标题给人留下了最重要的印象。

同样的原则也适用于演讲与沟通。在一次演讲中，听众很难吸收演讲者讲的每一句话，尤其是在他们快速表达了一系列想法的时候。因此，我鼓励我的客户大胆地通过强调某些句子，突出一些重要的感想、态度和词汇。

第七章

学会强调：标点符号的激情

当你演讲时，应该总是问自己这两个问题：

▲ 我们希望观众认为、感觉或做什么，会使他们更接近我的想法？

▲ 沟通以后会出现什么不同？

如果你说的每一个字都很突出，可能就会适得其反。因此，要有选择性，考虑哪些概念和短语应该受到更多的关注。当我们演讲的时候，有很多种方法让我们的意图更加明确，比如重点强调、语调、节奏或战略停顿。

我们在写作中，常常使用标点符号和排版来进行强调，例如使用逗号、斜体、粗体字、感叹号以及问号来体现出节奏，是我们惯用的做法。每一个标点符号都有一个或多个特定的功能，当我们学习写作的时候，就知道了在什么地方应该标上哪一种标点符号。

令人遗憾的是，在演讲的时候，有许多人会忘记在句子中使用标点符号。扁平化的演讲风格对你的听众来说，会让他们觉得无聊、失望甚至会感到混淆。如果他们感觉到你对自己的演讲话

登上顶峰

——沟通力与领导力助你登上职业高峰

题都没兴趣,他们就会停止用心聆听并转移注意力。

当人们紧张的时候往往会用匀速不变的节奏来表达,这时,其他人会很难理解他在说什么。很多人没有意识到说话节奏变化的重要性,不要让自己陷入这个困境,在开始演讲的时候就要有意识提高自己这方面的能力。

同时也要注意,过于快速的演讲可能会适得其反。我已经目睹了无数的演讲者以闪电般的速度完成整个演讲。如果让他们把演讲的内容写下来,他们将不会在句子中加上任何的标点符号。最终,他们同样会让观众感到疑惑和困惑。

例如,一个英语教授曾在黑板上写道:"一个女人没有她的男人就什么都不是。"接着他让学生加上标点符号。班上的一个男生写道:"一个女人,没有她的男人,就什么都不是。"班上的一个女生则写道:"一个女人:没有她,男人就什么都不是。"7个单词表达的意思,由于标点符号的威力而发生了根本性的变化。

试试这句简单的话:"让我们吃祖母。"如果快速的读出这句话,并没有强调这里面任何一个字眼的时候,这句话的意思好像就是"祖母是餐桌上的一道菜"。如果你给这句话加个标点符号

第七章

学会强调：标点符号的激情

"让我们吃，祖母。"这就变成了一次行动号召，意思是你对祖母说："让我们去餐桌吃饭吧。"这个逗号改变了整个句子的含义，在这种情况下，甚至可以拯救一个生命！

如果你正在聆听一个演讲，而演讲中没有任何恰当的强调语气，你肯定会对这次聆听进行负面的评价。强调重点是至关重要的，我们必须掌握。如果什么东西都没被强调，你怎么会知道什么东西很重要？只有你满怀激情地去谈论某个主题，或者使用标点符号来突出重点，听众才会知道这个主题很重要。激情和标点的使用应该被看作同一个硬币的两个面，缺一不可。

因为听众并不总能理解你讲的所有内容，所以适当的强调是你的责任！下次当你发现自己在匆匆忙忙地准备一次演讲的时候，问问自己是要吃祖母还是要和祖母一起吃饭？只有思想是不够的，最重要的是听众要如何理解你所要表达的思想。一位聪明的朋友曾经告诉过我："我们希望别人能够通过我们的意图来做出评价，但他们实际上是通过我们的行动和语言来做出评价的。"

登上顶峰
——沟通力与领导力助你登上职业高峰

一、激情优于标点符号？伊迪·马格纳斯的案例研究

如果你想学会如何正确地使用标点符号，我建议你观看一位熟练的播音员是如何进行新闻直播报道的。

伊迪·马格纳斯，一个有着30年经验的电视新闻资深人士，曾经担任过三大电视网络的主播，她认为："主持的关键技巧是要用恰当的强调、力度和感觉来对待每一个字眼。换句话说，好的主持人会适时地强调自己的演讲内容。"

由于听众们无法看到逗号、问号或感叹号这些他们所关心的表达方式，因此他们需要的是真诚和热情。同时，故事或演讲必须源于内心，而且要将力量和信念传递给听众。马格纳斯意味深长地告诉我："是激情驱使着标点在演讲中的使用。"

第七章

学会强调：标点符号的激情

在一个国家电视纪录片《呼救声》中，马格纳斯有如下的叙述："整个国家，有几十个青少年在自杀。"然后她停顿了一下，才慢慢地说："一个星期28个，也就是说以每天4个的速度。"她不是为了使用标点而停顿，而是希望人们感觉到这个故事的影响力。同时，马格纳斯也坚持的认为："标点符号的使用，并不是一成不变的，需要随时根据情况进行调整。"

认真考虑一下，然后正确地运用标点符号将重点和非重点内容进行衔接。如果你有效地做到了这一点，那么你就不仅仅是在演说，而是在用解释的方式讲述故事。

"我有时会停顿下来强调一些内容，这是基于我明白它们的重要性，还有我为什么要讲这些内容，"马格纳斯说："一切都是在解释为什么，一位演讲者要对他讲述的故事进行解释。"

根据马格纳斯的说法，要在演讲中使用正确的标点符号并引起听众的关注，有三个重要的方面要考虑：

▲ 你要做的永远不仅仅是传播信息。

▲ 你要讲述一个你关心的故事，这反过来又驱使你思考如何去讲述它。

登上顶峰
——沟通力与领导力助你登上职业高峰

▲ 你要用标点符号来表达自己想要表达的意思。

换言之,优秀的沟通者都能清楚地说明自己的意图。

二、用力去强调:寻找正确的音节

在演讲时,你可以通过多种多样的方式来强调你讲的内容,包括使用身体语言。你可以扬起你的眉毛、皱皱你的额头、停下来笑一笑。所有这些身体运动都可以帮助你在每一个特定的章节吸引听众的注意力。

例如,当你谈道:"我们的销售额增长了15%!"试着用一个食指指向天空,通过这样的姿势来突出这一令人印象深刻的统计数字。我曾经看到一个演讲者在讲述一个正面消息的时候,手指指向了错误的方向,向下而没有向上。结果,他的言语与肢体语言之间出现了不匹配,从而导致了听众开始怀疑他演讲的诚意。如果肢体语言与话语偏离,就会产生怀疑和不信任。一旦信任开始被削弱,人们就不会再去聆听。

第七章

学会强调：标点符号的激情

熟练的沟通者通常会强调特定的一个部分或者一个字的声音，以表达一种感觉或者突出一个想法，例如：

▲ 关键词第一个音节的发音比其他音节要响亮：精——彩。

▲ 关键词要放慢速度：请……回家休息。

▲ 一个元音的声音被拉长："OOOOOUT…standing！"

如果你想进行一次有影响力的演讲，不要在每一个音节都用相同的力量来强调。尽量不要去加重太多不重要的音节，然后在重要的那个音节上又匆忙带过。

以这句话为例："没有失败，只有反馈"，你强调的是哪一个词？尝试用不同的组合来看看哪一个更好："没有失败，只有反馈"，或"没有失败，只有反馈"，大声说出来。你可能想强调反馈，因为这是你主要想表达的意思，或者你想强调的是没有失败的东西？

当你在第一章学习首位/近位效应时，仔细想想你想要留给听众什么样的信息。没有失败或者……只有反馈？

登上顶峰

——沟通力与领导力助你登上职业高峰

两个反义词可以使一句话更令人难忘。对比和比较是强调的重点,是一个用来突出信息的重要工具。

这里有一个完美的例子。如果你阅读报纸时,大标题是这样一句话:"<u>红袜队赢得世界联赛冠军</u>,你能相信吗?"

现在试着用不变的语气读同样的一句话。"<u>红袜队赢得世界联赛冠军,你能相信吗?</u>"或"红袜队赢得世界联赛冠军。你能相信吗?"

哪种方法是最有效的?如果试图强调所有的内容,最终结果可能都是徒劳的。优秀的演说家可以让关键的字眼像山峰一样脱颖而出。他们读到"粗体字母"时,都会带着强烈或惊奇的感觉。

再例如,阿尔·帕西诺在电影《挑战星期天》①里的一次令人难忘的演讲:

我们球队会合力攻下每分每寸。我们球队会不惜一切,排除

---

①《挑战星期天》是由美国华纳兄弟影片公司发行的运动剧情片,由奥利弗·斯通执导,阿尔·帕西诺、卡梅隆·迪亚茨、丹尼斯·奎德、杰米·福克斯主演,于1999年12月16日在美国上映。影片讲述了一个年老的橄榄球队老板在面对现代愈发激烈的赛事时感到巨大压力的故事。

第七章

学会强调：标点符号的激情

万难，攻陷每一分寸。我们要咬紧牙关攻陷每一分寸。因为我们知道攻陷的每一分寸，就是胜负的重要差别，就是生死存亡的关键。

请注意，这段话里出现的"山峰"立即引起了我们的注意，并创造了一种情感反应。"咬紧牙关"传达了一种感觉，支持演讲的标题"每分每寸"，而帕西诺使用的"胜/负"和"生存/死亡"的结构就是比较（对比）方法最典型的例子。

想象一下帕西诺的演讲，如果这段话里成为"山峰"的词语和其他词语一样平平无奇的话。"咬紧牙关"就无法体现其真正的意义，也不会强调"每分每寸"的感觉，这种感觉就是教练试图一步步引导队员前进的感觉。通过比较"胜利和失败"到"生存和死亡"，他使用了一个比喻来强调即将到来的比赛的重要性。隐喻有助于强调一些直接语言无法表达的信息。

要强调一个单词或多个单词，需要用不同的语气来表达它们。如果你一直在大声演讲，那么你就把音调降低来强化情绪。如果你一直说得很快，那么你就要降低速度来凸显某一个词语。

口头语言作为一种表达工具，其作用已经超越了语法和词汇。为了说服你的听众，调整好重点和节奏是必不可少的。在某

登上顶峰

——沟通力与领导力助你登上职业高峰

些词语上通过重读来突出，就像音乐节奏那样跌宕起伏，可以给一个句子增加和谐的节奏感。

有时，为了强调更多的重点，可以尝试强调每一个字里面的每个音节。例如，"我完—全—地理解你的感受"。你还可以尝试突出一个特殊句子里的每个词。"给—我—自—由，或—让—我—死—亡"。

没有速成的方法可以告诉你应该选择哪些或选择什么时候来加强语气。就像一名报纸编辑，你需要自己决定坚持什么观点。尝试进行两次演讲排练，你可以选择用不同组合的口头表达方式，看看哪一种语气是最好的。

做一切你可以做的，将一次普通的演讲变为一次难忘的演讲。在适当的条件下，你和你的听众可以相互鼓励以创造激情和兴奋。要相信你的直觉和经验。当你这样做的时候，你会以令人为之一惊的方式去鼓舞、说服或激发改变！

当演讲者学会强调重点的时候，演讲就开始了！

第八章

停顿的力量：意外之处的冲击

"使用正确的词语可以增加效果,但在恰当时间的停顿比使用正确的词语更加有效。"

——马克·吐温①

我看见了一支由我同胞组成的军队,[停顿]

一支反对暴政的大军。[停顿]

你们是以自由之身来参加战斗的,[停顿]

你们是自由的人。[停顿]

没有自由你们会怎么做?[停顿]

你们还会战斗吗?[停顿]

---

① Autobiographical dictation, 11 October 1907. Published in Autobiography of Mark Twain, Vol. 3 (University of California Press, 2015).

登上顶峰

——沟通力与领导力助你登上职业高峰

如果战斗,你们可能会死。[停顿]

逃跑,这样还能活……[停顿]多一会也好。[停顿]

年复一年,直到寿终正寝……[停顿]

你们愿不愿意用这么多苟活的日子,去换一个机会,[停顿]就一个机会,[停顿]

回到这里,告诉我们的敌人,他们也许能夺走我们的生命,[长时间的停顿]但他们永远夺不走我们的自由!

——威廉·华莱士《勇敢的心》

1296年,英国的爱德华国王一世利用苏格兰的一系列危机,使自己成为了大不列颠的统治者。几个月后,苏格兰的动乱使国家陷入混乱。由梅尔·吉布森扮演的威廉·华莱士,在电影《勇敢的心》中,带领寡不敌众的苏格兰士兵投入战斗并在斯特灵桥战役中战胜了英国军队。

在影片中,华莱士在他们受到包围的严峻时刻发表了上述演讲,电影从首映到现在已经有20年了,这些对白即使现在听起来也令我为之振奋。华莱士的行动号召,为什么如此强大、令人信服、令人难忘呢?

第八章

停顿的力量:意外之处的冲击

首先,他学会了强调。也许他读过这本书的第七章,但这是不可能的事。请注意华莱士如何通过使用正确的词汇来团结他的军队——正确的节奏和语调。

就像华莱士一样,如果充满了情绪、力量和意义,并且用戏剧性的效果来演绎,你的讲话就可以达到爆炸性的强度,直接深入到听众的心灵。

无论是在什么领域从事什么职业,一名优秀的演说家,都要运用恰当的时间停顿来吸引听众的注意力。在总统竞选辩论中,往往是那些能控制停顿和掌控舞台节奏的候选人,能够让我们专注地听他们的措辞、语调和陈述。

当演讲者慌慌张张地上台时,他们会失去对整个局面的控制,随之而来的就是听众信任的逐步降低。一旦没有牢牢抓住听众的注意点,听众就不会再继续关注下去,他们将等待更优秀的演讲者来代替你走上这个讲台。

例如,1980年的总统竞选辩论,发生在时任总统吉米·卡特和前加利福尼亚州州长罗纳德·里根之间。当人们在关注两位候选人的陈述时,发现里根的演讲方式非常独特。无论你的政治派别是什么,他都会以一种令人感到信服和威严的方式来演说。你

登上顶峰

——沟通力与领导力助你登上职业高峰

听到的不仅仅是他的声音,你还可以感受到他声音背后的情感和幽默感。作为一名专业的演员,他利用了自己在荧幕上训练出来的演讲技巧,并把这种技巧带到了总统竞选的舞台上。

在1984年总统竞选辩论的时候,他已经是73岁的高龄了,很多人怀疑他是否太老,面对他的竞争对手沃尔特·蒙代尔,里根说:"我不会把年龄作为这次竞选条件来看待。[停顿]我也将不会出于政治目的,[停顿]来衡量我身边这个年轻和缺乏经验的竞争对手。"

里根总统在竞选选举中的表现,毫无疑问地证明了他是一个善于沟通的人。但令很多人感到惊讶的是,在他当上总统后,他还在不断演练自己的演讲技能,从而获得了"伟大的沟通者"的美誉。

一、停顿的力量:提示与技巧

"戈尔巴乔夫先生……[停顿]……拆掉这堵墙。"

说出上面的这句话,一定要坚持那一下的停顿。现在重复这

第八章

停顿的力量：意外之处的冲击

句话但不需要停顿。你听出了有什么不同吗？

对于我的客户而言，我不仅要提升他们的实用技巧，而且还要解释这些技巧在实践中是如何生效的。就停顿的力量而言，为什么演讲者要在特定的时刻采用沉默的战术，在演讲稿里增加停顿的时间，主要有以下三个原因：

1. 停顿能让演讲者将能量集中在行动号召上

停顿让听众们有机会回想一下之前讲过的内容，同时也能预想一下接下来要讲的内容。这些停顿的使用旨在唤醒听众的注意……帮助他们意识到，接下来有非常重要的内容要讲了。

在电影《当幸福来敲门》中，威尔·史密斯扮演克里斯·加德纳，一个带着年幼的儿子无家可归的单身父亲，影片讲述了他作为一个新晋的经纪人最终获得成功的故事。尽管经济困难，加德纳从未停止过相信自己，并将这个信念传递给年轻人。在这部电影中有许多尖锐的时刻，加德纳用停顿的力量来强调梦想可以成真。这就是话语之间的沉默所能造成的最大冲击力。

"不要让别人告诉你［停顿］你成不了才，知道了吗？如果

登上顶峰
——沟通力与领导力助你登上职业高峰

你有梦想的话,[停顿]就要去捍卫它。那些一事无成的人想告诉你你也成不了大器。[停顿]如果你有理想的话,就要去努力实现,就这样。"

2. 停顿能制造悬念

好的电影作品,尤其是间谍惊悚片,知道如何让观众参与到其中,我们能从电影里的对白和讲演中学到很多演讲模式。例如《间谍之桥》这部影片,这是一部由史蒂文·斯皮尔伯格精心制作,汤姆·汉克斯主演的电影。汉克斯扮演着现实生活中的詹姆斯·多诺万,他是一名辩护律师,帮助一名冷战时期的英国逃兵,就其在苏联受到的间谍指控进行辩护。如果专注地观看这部电影,你会注意到影片是如何通过对话来建立紧张情景的。聆听他们的对白,并仔细感受沉默的场景,这种气氛加强了戏剧的效果。一个引人入胜的故事,会让我们非常着急地去寻找剧情发展的线索。在影片里的一个场景中,一个名叫威廉姆斯的政府特工向他的同事解释了当时美苏形势的严重性。在他试图说服同事的过程中,他的停顿增加了强烈的戏剧效果。

第八章

停顿的力量：意外之处的冲击

"我们正在进行一场战争。[停顿]此刻，这场战争并不仅仅只有士兵参战，[停顿]它还涉及信息。你要去收集信息。你要去收集敌人的情报，[停顿]你收集到的情报，能让我们在与苏联的核战争中占得上风，[停顿]或者是阻止一场核战争的发生。"

虽然现在不太可能要求你去发表一个关于美国自由命运的演讲，但是，你同样可以使用停顿的技巧来加强演讲的感染力，从而让听众更加关注你并将你的意图进行传播。就像阿伦·阿尔达①在谈到表演和停顿的力量时所说的："这都是相辅相成的，会让演讲更加成功。"

3. 停顿控制了整个演讲的节奏

听众在认知上是存在局限性的，每次只能吸收一定数量的信息。停顿则可以降低你演讲的语速，并与听众的听力相匹配。这

---

①阿伦·阿尔达，演员、导演、制片人、编剧，父亲是好莱坞知名演员罗伯特·艾尔达。阿伦在电视剧《陆军野战医院》中饰演风趣的陆军外科医生本杰明，这个角色为他赢得了无数奖项，包括4次艾美奖和6次金球奖。

登上顶峰
——沟通力与领导力助你登上职业高峰

样就为吸引听众赢得了时间,能让他们理解你所强调的重点。用排球比赛来打一个比方,停顿就像是排球比赛里安排好的扣球。引用影片《星球大战》中的一个著名的例子:"不对,[停顿]我是你的父亲。"

我的建议是:慢慢来,控制好节奏。如果你要陈述令人深思和难忘的观点,听众将会很有耐心地去听。他们知道,一个好的思路或观点是值得等待的。

下面这些使用停顿的技巧,你可以在演讲彩排的时候进行演练:

1. 从句停顿

使用简短的停顿,通常在有一个逗号分隔的两个从句中,或是在较长列表中特定的位置上使用停顿。"为了给我的女朋友留下深刻印象,[停顿]我带来了花[停顿]、酒[停顿]和甜点。"

第八章

停顿的力量：意外之处的冲击

2. 句子停顿

使用中等的停顿，通常有一个句号、问号或感叹号将两个句子分离。"经过六天的攀登，我们到达乞力马扎罗国家公园。［停顿］我不敢相信我真的这样做了！"

3. 段落停顿

当你从一个想法转变到另一个想法时，使用较长的停顿。在书面语中，我们总是在一个新段落开始时采用缩进格式。其实说话的时候也是如此，停顿可以带给听众一个信号，一些重要的或独特的内容即将表达。贝拉克·奥巴马总统在2009年的演讲中，意图推广可支付的医疗法案，他说："由于医疗卫生在我们的经济比重中占据了六分之一，我认为我们应该在现有医疗卫生系统的基础上进行建设，同时解决一些现在还存在的问题，而不是从零开始试图建立一个全新的医疗卫生系统。"他没有直接切入细节，他停顿了很长的时间而且还使用了"三法则"，以便他的听众可以更好地了解这个理念和计划的细节:"我今晚宣布的计划将实现三个基本目标。它将为有健康保险的人提供更多安全和稳定的保障;它将为那些没有保险的人提供保险;它将减缓我们的家庭、企业、政府医疗成本的增长。"

4. 强调暂停

战略停顿可以起到突出重点的效果,有时你可能想提醒听众注意一到两个关键词。通过在某个单词或短语之前或之后的停顿向听众发出信号:你接下来要说的内容将非常重要。[停顿]奥斯卡金像奖得主是[停顿]汤姆·汉克斯!

5. 反问句暂停

当你提出一个反问句时,如果听众点点头,那是令人高兴的。这表明你的听众会继续关注你的演讲,因为他们正在思考你所提出的问题。因为大多数人明白,当你提出这些问题的时候,他们是不需要回答的,这只是为了保持他们注意力的集中。

第八章

停顿的力量：意外之处的冲击

总的来说，你的目的是激发大家的思考来印证你的想法。"请想一想［停顿］生活将会是什么样的呢？［停顿］如果我们只能相爱，［停顿］却从未有过恨？"然而，如果在一个反问句后面没有停顿，听众就会感到很困扰。他们被要求去思考一些问题，但你却没有给他们思考的时间。反问句有助于你通过肢体语言快速地判断，谁在注意听讲，谁没有注意听。如果你看到听众带着迷离的眼神而且只是稍微点了点头，那么此时你就要对自己的演讲方法做出调整了。

6. 强制的停顿

我经常在开场时使用这种方式。在我说话前，我把眼睛锁定在听众身上。对于我而言，每一秒的等待都是为了两个目的：第一，静静地感受整个会场内的氛围，把自己处于整个空间的焦点。第二，加强开幕词的影响力。需要注意的是，安静有时可能会带来压力和尴尬，所以你必须信心满满。想想火箭发射的过程：3——2——1——演讲开始！

开场白时的停顿对于演讲者来说非常重要。你经常会看到一

登上顶峰

——沟通力与领导力助你登上职业高峰

名演讲者站起来马上就侃侃而谈吗？如果他（她）一句接一句地讲个不停，听众就很难区别重点与非重点。因为没有进行强调，所以也没有人会记住开场白的内容。

回忆一下林肯总统在葛底斯堡的演说：

▲ 场景1：林肯看了看外面的听众。

▲ 场景2：当听众满怀期望等待着演讲时，他忽然在有力的开场白前停顿了一下。

▲ 场景3：接下来，他才说道："87年前，我们的先辈在这个大陆上创立了一个新的国家。"

想象一下当时的场景，你会感受到这是一次能力和口才的完美结合。

1. 抖包袱

我们可以从喜剧演员的表演沟通那里学到很多，他们的成功取决于恰当的表演时机。当他们在讲笑话（通常是一个故事）的

第八章

停顿的力量：意外之处的冲击

时候，他们的目标是制造一种高度的期待感。他们向听众发出了信号（请稍等），您期待的内容即将到来。

他们在抖包袱前会通过一次突然的停顿来创造气氛，然后立即让观众释放他们的笑声。只要笑声还没有停止，他们就会尽可能地延长停顿的时间。否则，接下来讲的话就会被笑声所淹没，喜剧效果也将降低。

让我们来看看优秀的喜剧演员们（我比较喜欢《宋飞正传》①）使用的演讲方法。"这些饼干［停顿］让我口渴！"即使是在一些意想不到的时候，虽然你并不觉得有趣，但自发的笑声往往还是会呈现出来。

要学会控制自己在掌声中说话的冲动，让时间停留在那一刻。虽然你没有在剧院里进行喜剧表演，但在会议室里也可以使用同样的演讲技巧。

---

①NBC 电视台的《宋飞正传》的主题是——没有主题（"A Show About Nothing"），由 Tom Cherones 执导，Jerry Seinfeld、Jason Alexander 等主演。

2. "一杯水""让我想一想"的停顿

当进行一场时间较长的演讲时,你会容易口渴。我看见很多演讲者不愿意花时间喝杯水,到了演讲的结尾时,他们只能降低表现力来结束这场演讲,因为他们快渴死了。我培训过的许多人,他们也会犹豫是否要喝水,因为他们担心喝水会让人看起来不自然。其实不是这样的,听众已经习惯了演讲者停顿一下喝口水的动作,有时候他们甚至不会注意到。利用喝水来停顿一下是一种有效的策略,我们应该经常使用。在你喝一口水的时候,利用这个时间来整理一下思路,恢复精神,再继续后面的演讲。

3. 检查我的笔记

我经常记录听众提出的问题,有时在回答这些问题之前我需要充分的时间来思考。当你面对一个重要的问题时,如果你只能给出一个下意识的反应,这将是你最不希望发生的事情。在听众们不停地追问下,很多演讲者可能会脱口而出一些不成熟的答

第八章

停顿的力量：意外之处的冲击

案，等到事后仔细想一想，他们就只能感到后悔了。

听听芭芭拉·布什①关于她的儿子杰布是否应该竞选总统时说的话："其他人也非常有资格参加竞选，而我们布什家族已经有多位总统了。"

谁能记得除了这些话以外当时她还说了些什么？在那次采访中，她所说的其他所有内容都被我们遗忘了。

我们想一想那句话的含意。如果布什自己的妈妈都不认为他应该参加竞选（无论出于什么原因），为什么其他人要支持布什呢？教训：在你回答问题之前，应该花时间仔细考虑你的答案。

想要为很难回答的问题赢得一些思考的时间，有一种有效的办法就是："关于你提出的问题，在我的笔记中有一些参考答案。请给我一些时间翻查一下，以确保我能给出正确的答案。"虽然你不可能在笔记本里翻查到所有的内容，但你赢得了额外的时间，能否成功地说服他们或许就取决于此。与此同时，你也给了

---

①芭芭拉·布什，美国第41任总统乔治·赫伯特·沃克·布什的夫人，第43任总统小布什和前佛罗里达州州长杰布·布什的母亲。在一次媒体采访芭芭拉·布什时她曾表示，她并不支持杰布·布什竞选总统，并不是因为他不够优秀，而是因为美国大选的候选人中有太多优秀的人，美国不能总是由布什家的人轮着做总统。最终杰布·布什退出了总统竞选。

登上顶峰
——沟通力与领导力助你登上职业高峰

听众足够的时间来跟上你的演讲节奏,所以这是一个双赢的策略。听众并不会记得这次停顿,他们只会记住你最后的反应。

二、如何创造诗意般的沉默

如果要在你的演讲中插入一个沉默的片刻,你认为应该停顿多长时间?

这没有硬性规定。停顿的时间可以持续一秒到几秒,停顿的长度取决于你的语气、信息和风格,还取决于听众的耐心和参与水平。

然而,在一般情况下,整个演讲中最好的方式就是不断地变化停顿的长度,不要让听众能够预测你停顿的长度。逗号的停顿往往要比句号的停顿时间短一些,句子之间的停顿则要比段落之间的停顿时间短一些。

我像一位电影导演那样,为我的客户拍摄了许多视频,然后看看哪种方式的演讲效果最好。我发现,大多数人第一次使用停顿时往往看起来比较尴尬;然而一旦你掌握了这个技巧,演讲的

第八章
停顿的力量：意外之处的冲击

其他技能也将随之显著提升。

注意不要过度地使用停顿，否则你会让人听起来像彩排而且很不自然。有些演讲者无论说什么话都带着停顿，好像他们说的每个字都可以消除癌症或解决世界饥饿问题一样。不要陷入这个误区，明智地使用停顿，有的时候少即是多。

尝试带着停顿和不用停顿来朗读一下罗伯特·弗罗斯特的诗《未选择的路》。听一听两种读法的差异：

> 我将轻轻叹息，叙述这一切，
> 许多许多年以后：
> 林子里有两条路，我——
> 选择了行人稀少的那一条
> 它改变了我的一生。

停顿是很自然的，是我们流露情感的方式。所以当你在沟通时，要多花一些时间来调整措辞、标点符号以及停顿。

许多发言者都很紧张，因为他们很担心自己的表现。他们也担心自己的演讲会被打断，会丢掉自己的演讲节奏。所以，他们急于开始而且急于结束,整个演讲过程中都显得非常匆忙,就像要赶最后一班飞机似的。如果你想要被听众理解和记住,请记住一定要放慢速度。慢慢来,在合适的地方停顿一下,用你最自然的声音和节奏来进行演讲。

最优秀的领导者能通过演讲来展示自己的魅力,他们的演讲都是冷静的、镇定的而且是有说服力的。他们拥有强大的控制能力,使用有效的停顿,并向他们的听众传达信心和信念。

记住这句古老的格言:以别人喜欢听的方式来讲话,以别人喜欢和你说话的方式来倾听。

三、从演讲家马克·吐温的演讲中学习停顿的力量

让我们做出一些特别的努力来中断彼此的交流,从而能够进行一些真正的交流(心灵的交流)。

——马克·吐温

第八章

停顿的力量：意外之处的冲击

警句：简练的格言或言论，通过一个聪明的、有趣的方式来表达一个想法。

如果马克·吐温今天还活着，他会比奥普拉·温弗莉①拥有更多的推特粉丝。我喜欢阅读他的书，从他的演讲、妙语、格言中我获益良多。他那些震撼的短语，几乎总是少于140个字符，是我演讲素材的重要组成部分。在他众多的格言里，很难说我最喜欢的是哪一个，他的思想对于沟通的本质来说是无价的：

最好是闭上嘴什么也不说，让别人以为你是个傻瓜，而不是张开嘴来消除所有的疑虑。

马克·吐温的警句，不但让我捧腹大笑，而且对于那些以公众演讲为职业的人来讲，都是很好的建议。

世界上只有两种类型的演讲者，紧张的人和说谎的人。（言

---

①奥普拉·温弗莉，1954年1月29日出生于密西西比州科修斯科，美国演员，制片，主持人。当今世界上最具影响力的妇女之一，主持的电视谈话节目《奥普拉脱口秀》，平均每周吸引3300万名观众，并连续16年排在同类节目的首位。

登上顶峰

——沟通力与领导力助你登上职业高峰

下之意是,只要上台演讲的人都会紧张。)

那么,面对那些没有表现出紧张迹象的演讲者,马克·吐温有哪些建议呢?很多,包括事实上听众倾向于不相信他说的任何一句话。

在马克·吐温的自传中,你可以读到许多关于他的轶事、有趣的格言和他生活的迷人细节。他在早期的职业生涯中就克服了怯场,成为了一名伟大的说书人(证明我们现在都还有希望)。他努力渡过了那个可怕的时期,并在接下来的50年里吸引了越来越多的听众。

虽然他的作品仍然是美国文学经典中的经典,但很遗憾我们都没有机会真正去聆听他的演说。不过,他确实可以通过有说服力、幽默和扣人心弦的演讲来推销他的作品。无论是在哪里,他的演讲门票都会被抢购一空,他会让他的听众笑、哭、欢呼,他们也会给予他毫无吝惜的赞美。

本来觉得很无聊的观众,一听到马克·吐温是下一位演讲者的时候,他们也会欢呼雀跃。他夸张的、拖着腔调慢吞吞的说话方式能在听众当中碰出火花。威廉·迪恩·豪威尔斯,在他的书《马克·吐温的演讲》中说道:"他是如此完美的一名演员,倾听

第八章

停顿的力量：意外之处的冲击

他的演说与阅读他的理论相比会有加倍的满足感。"

马克·吐温用了很多方法把他演讲中的语言带到生活中来，下面是我们从中学到的10个经验：

1. 关于讲故事（鼓励我们普通人）

"幽默的故事是严苛的艺术，是高尚和精美的艺术作品，只有作为一名语言艺术家才能完美的讲述它；但讲述有趣或诙谐故事是不需要艺术性的，每一个普通人都可以做到。"

2. 关于准备

"我通常需要超过三个星期来准备一次好的即兴演讲。"

3. 关于简短

"没有人会抱怨演讲时间太短。"

4. 关于怯场

"如果说世界上有一种可怕的疾病，那就是怯场和晕船。我的第一次和最后一次演讲都有过怯场。而我只晕过一次船，那一次是在一艘小船上，有 200 多名乘客。我——病——了，我晕船晕得太严重了，就好像船上 200 多名乘客的症状都集中发生在我一个人身上。"

5. 关于影响

"我把最精彩的内容置于演说稿当中，插入一段动人的、引人恻隐之心的话，以打动听众的心灵。在我演讲的时候，我所期望的效果达到了，听众们充满敬畏的静静地坐着。我已经打动他们了。"

第八章

停顿的力量：意外之处的冲击

6. 关于停顿

"那令人难忘的沉默，那意味深长的沉默，那呈几何级数增长的沉默往往能达到预期的效果，没有任何其他语言的组合能够完美的达到这种效果。可能对某一位听众来说，停顿时间应该是很短暂的；但对另一位听众而言停顿时间可能要长一些；第三位听众可能需要的停顿时间更长一些。演讲者必须变化停顿时间的长度，以适应听众之间的差异。我过去常常练习停顿，就像小孩玩玩具一样。"

7. 关于词语

"正确与差不多正确的词语之间的区别，就像是'闪电'和'萤火虫'之间的区别。"

8. 关于学校

"在人生旅途中不断学到的东西，是学校教育中不一定能学得到的。"

9. 关于实话

"如果你说真话，你就不需要记住任何事情了。"（意思是不要为了圆谎而努力）

10. 关于职业攀登

"前进的秘诀是勇于开始。"

关于马克·吐温的另一个注解——他把演讲分成若干个小块，用简短的句子来表述。换言之，他忠实地使用了"三法则"，密切关注故事的开始、中间和结尾。然后，他用下面这个训练有素的模式来开始他的演讲：

第八章

停顿的力量：意外之处的冲击

1. 介绍

▲ 答谢观众。

▲ 明确地说（但要简单）你想说的是什么。

▲ 让他们笑。

2. 中间

▲ 继续下去。

▲ 精炼一些，不需要解释所有的内容。

▲ 使用修辞手法。比如说：比较和对比、自嘲式的幽默、回忆、明喻和隐喻等。

3. 结束

▲ 通过尽量短的几句话复述一次。

▲ 说谢谢。

登上顶峰

——沟通力与领导力助你登上职业高峰

▲ 让他们笑。

要同时学习语言沟通的艺术与科学是困难的、具有挑战性的和令人振奋的。这就是为什么杰瑞·宋飞[①]曾经巧妙地说过:"根据对大多数人的研究,人们最害怕的事情,第一是公共演讲,第二是死亡。"

马克·吐温伟大的智慧箴言,将会鞭策你挑战自己的与众不同之处。你的成功不是来自拾人牙慧,而是来自凸显自我。找到属于你自己的声音——和别人不同的独特风格。学习控制停顿的力量是一个不错的开始。

"每当你发现自己站在大多数人的一边时,这就是停下来进行反思的时候了。"

——马克·吐温

[①]美国最有名、最优秀、最容易辨认的喜剧演员和电视名人之一。

第九章

激活视觉效果：温故而知新

"在视觉上可以通过形象化的方式来表达想法。"

——基姆·加斯特,首席执行官《社交的繁荣:简单的社交销售》①

托尼·罗宾斯是美国的一名励志演说家、个人理财师和自助作家。2014年11月,他在领英②网站上发表了一篇题为"人的6大需求:我们为什么这么做?我们需要做什么?"的文章,他写道:"虽然每个人都是独特的,但我们具有同样功能的神经系统。每个人都有着6种共同的基本需求,所有的行为都会尝试满足这

---

①Elena Lathrop. "15 Internal Communications Best Practices for 2015". https://enplug.com/ blog/15 – internal – communications – best – practices – for – 2015.

②LinkedIn(领英)创建于2002年,致力于向全球职场人士提供沟通平台,并协助他们事半功倍,发挥所长。作为全球最大的职业社交网站,LinkedIn会员人数在世界范围内已超过3亿,美国《财富》世界500强公司均有高管加入。

6 种需求。"

根据罗宾斯的说法，这 6 种基本需求是：

1. 确定性

保证你能避免痛苦和获得快乐。

2. 意义

感受到独特、重要或特殊。

3. 关系/爱

与某人或某事亲近和结合的强烈情感。

4. 成长

拓展学习能力、工作能力和理解能力。

第九章
激活视觉效果：温故而知新

5. 贡献

服务意识、重点帮助、给予他人支持。

6. 多样化

对未知的、变化的、新鲜刺激的事物的追求。

为了让更多的听众能理解你的目标，你在准备演讲时，上述这些需求元素你考虑了多少？当听别人演讲的时候，你能辨别出演讲中所包含的这些需求元素吗？你在构思演讲和讨论的时候，你的心中是否会始终考虑着这些重要的需求元素？

我们穿不同的衣服，吃不同的食物，看不同的电视节目，其实都是在追求多样化。我们努力避免单调，所以大幅减少了言语的重复，并用专业术语和要点取而代之。

当演讲的内容太多时，演讲者往往会忘记了罗宾斯提到的6种基本需求元素。我们专注于对着幻灯片进行演说，却没有足够重视拉近与听众的关系，我们要如何解决这个问题呢？

登上顶峰

——沟通力与领导力助你登上职业高峰

一、幻灯片带来的困惑

2012年8月30日，彭博商业周刊发表了一篇名为"幻灯片走向灭亡"的文章，当我读到这篇文章的时候，我被其中一个重要的研究结果所吸引：

"由于微软幻灯片程序在22年前推出，不少于10亿台电脑都安装了这个软件；全世界每秒钟大约有350个幻灯片在进行演讲；如此庞大的软件用户证明，没有任何一个工作领域可以无视这个软件的功能，它能将复杂和细微差别的事情提炼成重点，也能将宏大的构思转化成为浅显易懂的剪贴画。和其他一些事物一样，我们对幻灯片的依存度已经无处不在，正是因为如此，幻灯片开始被大量滥用。"

第九章

激活视觉效果：温故而知新

3年后，每个工作日的演讲将会超过3000万场。

到底发生了什么？很多演讲者其实只是走走过场，希望他们能联系、说服和感动听众。传统的幻灯片演讲方式需要进行重大的调整！

技术本身不存在问题。PowerPoint，Prezi 或 Keynote 这些幻灯片软件都能很好地支持演讲的内容。幻灯片的作用是支撑演讲，但通常却被演讲者无效的使用。PowerPoint 可以成为我们最好的演讲工具，但我们却总是使用的过于保守，没有很好地利用它。

我们非常依赖它，因为它的功能非常强大。它是一个丰富的图形化工具，运用可视化的信息来支持关键的言论。但不幸的是，现在很多演讲者在演讲的时候，把他们的眼睛、注意力、时间都放了幻灯片上，而没有放在真正需要的地方——拉近与听众的距离。

PowerPoint 从来都不应该是一场演讲会里的焦点，它应该只是你所选择的技术配角，你和听众才是真正的焦点。

为了在短时间内能陈述大量的事实和数据，我们在幻灯片里填满了文字，然后在面对听众演讲的时候大声地逐字朗读，有些演讲者甚至是背向观众来复述幻灯片上的文字。

登上顶峰

——沟通力与领导力助你登上职业高峰

那么,我们应该如何使用视觉辅助效果,以强调我们想要表达的观点呢?

当你开始讲述一个扣人心弦、有说服力并且富有行动号召的故事时,没有任何可视化的软件程序能代替你自己。如果你正准备利用幻灯片讲述一个引人入胜的故事,可以参考一下我制作幻灯片时使用的"不败"规则:

1. 保持简单

消除混乱!幻灯片上应该有"大量的空白空间",避免让文字超出你的幻灯片。注意幻灯片里面不要使用过多冗长和复杂的文字,只要保留那些能支持关键信息的字眼即可。少即是多,尽量减少注意力的分散。

当我在读研究生的时候,有一位政治学教授在介绍《独立宣言》时,把宪法的整个文本放在一个幻灯片上,他希望学生们能读到每一个字。其实有一个更有效的方法,那就在幻灯片上只显示关键的概念和词汇,并以此引发讨论和听众参与。他用了10分钟的时间来传达的信息,其实只需要短短的几分钟就够了。

第九章

激活视觉效果：温故而知新

2. 尽量减少要点和文字

每个幻灯片只使用三个要点，并尽量避免使用完整的句子，要点的目的是抛出一个话题。其实，最好的幻灯片是没有文字的。但对许多演讲者而言，他们渴望"记得所有需要陈述的东西"，因此他们会用整段的句子去填满每一个要点。

当演讲结束时他们松了一口气："我终于把记得的东西全部都说了。"不要陷入这个误区，不用试图为了达到完美而最后却被完美所累。其实在演讲的时候你忘了说什么，听众永远也不会知道。

3. 使用动画

演讲培训师用各种方法来教授他们的学生，对于他们而言，幻灯片里是否需要使用动画一直是一个有争议的话题。尽管幻灯片本身就能够通过减少文本和使用视频资料来起到辅助作用，但我确信，展示幻灯片的时候还是需要使用动画。需要注意的是，一开始就展示全部的动画是无效的,我们应该随着演讲的深入而慢慢添加动画,动画的选择也要根据思维定式来决定,在每次演讲中都要做到层次分明。

当你向听众展示下一个视觉图片时,使用渐变的方法是很有帮助的。虽然有很多种动画可以用来激活图像的视觉效果,但大多数时候我只用两种:"百叶窗"和"棋盘"。它们不是很复杂而且易于接受,与那些戏剧性的动画例如"飞旋、上升、投掷"等效果相比,"百叶窗"和"棋盘"看起来更自然,不会分散听众的注意力。

4. 使用高质量的图片

很多演讲者使用低质量的照片,这对观众理解能力是一个挑战,而且还会削弱你演讲的力量。所以要保持图像清晰,易于阅读。

彩色模板会给你的故事带来情感。我们习惯于看彩色电视,还有自然界的各种颜色,我们的眼睛习惯于品种和深度的对比。黑白幻灯片与我们所习惯的观察事物的方式不同。颜色是一种非

第九章
激活视觉效果：温故而知新

语言交流的形式，是一种传达情绪或感觉的通用语言。据研究：

▲ 彩色的视觉效果增加了阅读的意愿，能增加高达 80% 的积极性和参与性。

▲ 彩色提高了学习效率，提高了 75% 以上的记忆能力。

▲ 彩色广告可以比黑白广告多出 88% 的销售额。

使用彩色模板来设置基调。例如，黄色通常与幸福和温暖联系在一起；橙色代表快乐和自信；绿色代表健康。在美国，红色、白色和蓝色是选择最多的颜色。因为这些颜色体现了爱国主义情结而且容易区分，它们是大多数美国人认同并感到亲切的颜色。而在意大利，人们则喜欢使用绿色、白色和红色——意大利国旗的颜色。使用特定的颜色来促进积极的关联，这将提高听众的注意力。所以，我们要明智地选择彩色模板来进行说服和激励。

5. 使用有效图表

使用图表是为了说明一些事情，最重要的是呈现出数据。像

登上顶峰

——沟通力与领导力助你登上职业高峰

一些类似金融和生物技术的数据驱动型专业，在做报告的时候可以大量的引用图表。但是，图表的使用同样要注意适可而止，不能一次向听众展示太多的数据指标，要学会帮助听众去分析这些指标，学会用数据来说话。例如："'苹果'的市场份额在过去的9年里面从5%上升到11%。"采用对数字的剖析来作为开场白是不错的选择，但是要记住，必须迅速地解释所列举数字的内在含义。

6. 仔细选择字体

没有一成不变的选择，你选择的字体应该让现场最后排的听众也能清晰地看见。最优秀的演讲者，可以用字体传达微妙的信息，并突出自己的风格。尽可能在整个演示文稿中都使用相同的字体，如果你喜欢有一些变化，最好也不要超过两种互补的字体。否则，听众看起来会很吃力而且容易混淆。我倾向于使用Garamond，Perpetual Titling以及Calisto这三种字体，因为它们比较容易阅读。其实，对观众而言，只要容易辨认就可以了，字体的风格只是个人偏好的问题。

第九章

激活视觉效果：温故而知新

7. 使用视频和音频

人们以各种各样的方式学习，使用视频和音频可以强化认知过程。视频和音频为听众提供了一个放松的机会，同时你还可以加入其他媒介，以保证演讲形式的多样化和听众的参与度。我热衷于使用歌曲来传递信息。例如，我想激励一个企业来改变企业文化，我曾经使用过迈克尔·杰克逊的歌曲"镜中人"："如果你想让这个世界变得更美好，看看你自己，并做出这样的改变。"这就意味着要加强每个员工的企业文化观念——个人必须为自己的行为负责。通过这首歌曲，可以让听众受到鼓舞、激励而且相信自己有能力去帮助别人改变。这首歌曲和整个演讲的主题是相呼应的，我还让听众带着美好的情绪来低声哼唱这首歌曲，思考他们应该如何为公司的转型做出贡献。

登上顶峰

——沟通力与领导力助你登上职业高峰

二、使用 PowToon：革新有说服力的演讲

社交媒体 Tumblr①、Pinterest② 和 Instagram③ 令人瞩目的成功，证明了真实的照片胜过千言万语。然而，我们在演讲时向观众呈现照片和图像的方式并没有跟上社交媒体不断创新的步伐。

不要总是依赖旧的工具——PowerPoint，要使用其他能够提高演讲视觉效果的替代方法。毕竟，65% 的人认为通过视觉比通过听觉能吸收更多的信息。现在，听众已经习惯于看着乏味的 PowerPoint 演讲稿，用呆滞眼光注视着每一个单词。

如果你想让你的演讲影响深远而且富有说服力，成为一次令人难忘的演讲，那么你就需要改变，需要通过一种富有激情的方

---

①Tumblr（中文名：汤博乐），成立于 2007 年，是目前全球最大的轻博客网站，也是轻博客网站的始祖。

②Pinterest（中文名字：拼趣），采用的是瀑布流的形式展现图片内容，无须用户翻页，新的图片不断自动加载在页面底端，让用户不断地发现新的图片。

③Instagram（中文名字：图享）是一款最初运行在 iOS 平台上的移动应用，以一种快速、美妙和有趣的方式将你随时抓拍下的图片分享彼此，安卓版 Instagram 于 2012 年 4 月 3 日起登陆 Android 应用商店 Google Play。

第九章
激活视觉效果：温故而知新

式来显示幻灯片。网络上有很多不同的软件值得我们去搜索，但大多数人会发现 PowToon 是一款界面友好、演示直观的软件。它允许演讲者在没有技术基础或设计技巧的情况下，创作出引人入胜的演讲稿。

自 2012 公司成立以来，PowToon 做到了很多其他初创企业尝试过但却未能成功的事情。该公司为了应对现代社会人们吸收信息方式的改变，颠覆了这个行业的现状并创建了一种全新的演讲工具。我们现在可以自己创建一个卡通和演讲混搭的 PowToon。如果你还没有在商务会议上见过 PowToon，那只是时间问题罢了。PowToon 的功能可以支持演讲者在演讲中展现迷人、动人、有趣的视觉效果。

你不需要在每一个会议或场合都制作 PowToon。但在面对千

登上顶峰

——沟通力与领导力助你登上职业高峰

禧一代的年轻人时,你可以根据他们倾听、学习和吸收信息的方式来调整你的演讲风格。当你准备演讲时,试图重铸你的演讲方法:减少文字、视觉效果最大化、尝试使用包括 PowToon 在内的工具等等。

想要引导听众保持注意力,屏幕上的单词应该是很少量的。如果你想让听众用大脑进行逻辑分析,那么请使用文字;但如果你想触发听众的情感,那么请使用图像;如果你想完全吸引听众,那么请创造一个活泼、迷人和令人难忘的视觉形象,这样你就能从逻辑和情感双方面来充分地影响听众。

多年前,沃尔特·迪士尼证明,从静态画面到彩色动画的进化,大幅度地提高了观众理解故事的能力。如今,我们看电影、玩电子游戏、花大量的时间在社交媒体上观看图片。可以预见在未来的几十年里,无所不在的动画将占据我们的世界。成年人会在电视上收看《辛普森一家》和《南方公园》[1],这也验证了我们对动画故事的喜爱。

下一次当你准备演讲稿的时候,考虑一下年轻人的学习方式

---

[1] 美国著名的系列动画片。

第九章

激活视觉效果：温故而知新

以及如何保持整个演讲稿的简洁。在这个新的世界里，我们面临的挑战是：我们的演讲技巧需要保持新鲜感和创新性，就像那些拥有每天数以万计点击率的社交媒体网站一样。我们关注这些网站如何去适应不断变化的世界，并从中学到了很多东西。我们也需要改变自己，为了进行更引人注目、令人激动并且有说服力的演讲，我们也要开始制作幻灯片的视觉效果了。

无论你是否在你的幻灯片里面使用 PowToon，请在使用 PowerPoint 时记住这些核心理念。每一种艺术表演的形式——无论是演讲、跳舞还是游戏，使用工具或技巧时都要实现以下 3 个基本目标：

▲ 遵守一个科学的方法。

▲ 控制信息流。

▲ 让演讲者和听众以某种方式进行互动，演讲者与听众应该是一种深度交流的伙伴关系。

我们如何利用好视觉来获得最大化的沟通经验呢？

黑格·卡埔江博士是一位临床心理学家，他非常注重在教学

登上顶峰

——沟通力与领导力助你登上职业高峰

方法上的创新研究。他在《今日心理学》中发表的一篇文章中提到:"一个大型研究机构的研究结果表明,视觉线索有助于我们更好地检索和记忆信息。当你将我们的大脑视为一个图像处理器,而不是文字处理器的时候,上述这项研究成果是完全可以解释的。事实上,我们的大脑中用于处理文字的部分比处理视觉图像的部分要小很多。对于我们的大脑而言,词语是抽象的和难以记忆的,而视觉形象则是非常具体和容易让人记住的[1]。"他的研究结论并不是建议我们完全消除文本信息,只是鼓励我们不断的改进表达方式,寻找能与听众产生共鸣的视觉图像和文字信息的均衡。

你可以从世界上最优秀的导演身上学到如何寻找语言和视觉效果的完美结合。《公民凯恩》是一部1941年上映的电影,这部影片向我们展示了一种清新和成熟的艺术形式。丰富的视觉场景与表演,加上摄像和音效的创新,让这部电影成为历史上获得赞美最多的经典电影之一。影片在一个引人入胜的故事中融入了超

---

[1] Kouyoumdjian, Haig, PhD. "Learning Through Visuals." Psychology Today. July 20, 2012. https:// www.psychologytoday.com/blog/get-psyched/201207/learning-through-visuals.

第九章

激活视觉效果：温故而知新

前的视觉风格，作为一个沟通演讲的培训师，我最着迷的是它如何将语言与简单、诱人且容易理解的图像融合在了一起。

电影导演奥森·威尔斯精通沟通艺术，具有持续的洞察力，有勇气去创造震撼的、独特的艺术作品。他出色的演讲和表达能力也很令人钦佩，我曾经看过关于他的一次采访，他提供了很多宝贵的鼓励和建议。

当被问到如何更有效地说服听众时，他认为总有一些强有力的事物可以适用于任何时代，当你要继续发展和提高你的技能时，可以尝试去汲取威尔斯[1]的能量和永恒的建议："创造你自己的风格……让你成为别人无法复制的独特的自己。"

---

[1] 赫伯特·乔治·威尔斯（Herbert George Wells，1866—1946），英国著名小说家，尤以科幻小说创作闻名于世。1895 年出版《时间机器》一举成名。

第十章

音调的改变：出其不意的变化

"演讲的时间是'至高无上的，不可避免的时刻'。事实上，缺乏充足的准备是一种无礼的行为。当演讲者取得演讲成功的时候，他将沐浴在难以形容的喜悦里——就像一位母亲等待她儿子的出世，忘记了所有的痛苦一样。

——J·伯格·埃森韦恩，宾夕法尼亚军事学院英语文学教授

尝试用你的右手和左手同时用同样的力量投掷一个球。现在试着在同一时间说话和聆听。除非你拥有非凡的协调能力，否则，即使你能够勉强同时完成这两个任务，那也将会使你觉得非常尴尬。

有神经科学家说过，我们的大脑不能同时做两件事。一件事总是会快速、连续的影响另一件事，这会导致我们的注意力会不由自主地从当前的动作直接转移到了下一个动作。即使是在现代

登上顶峰

——沟通力与领导力助你登上职业高峰

社会里,每当有人说:"我能够同时胜任多项任务"时,其实他们是做不到的。他们正在做一件事,然后突然转去做另一件事,虽然貌似两者兼顾,但实际上会减弱他做好同一件事的能力。

类似的原则适用于沟通演讲。当我们在听一次演讲的时候,如果我们的注意力转移到了其他事情上面,我们就无法理解演讲的主题思想。

许多公众演讲者失去了听众的注意,是因为他们在讲一个主题的时候总是在试图构思下一个主题。他们的注意力分散了,即使有了一个好的开场,接下来却只是在陈述毫无说服力和摇摆不定的想法。就像彗星的尾巴,他们演讲的力量和吸引力会慢慢地开始减弱。

当你陈述一个句子的时候,不要考虑后面紧接着的内容。但是,说起来容易,做起来却很困难。向听众讲述一件事情,第一句话要陈述事情的主题,第二句话开始才围绕主题展开。换句话说,集中你的注意力在演讲上,不要试图预期你后面的演讲中会发生什么事情。

正如你在第七章学到的,加强语气的和充满感情的话应该放在句末。它们应该作为主题思想的总结,并顺势引出你的行动呼

第十章
音调的改变：出其不意的变化

吁。它们通常是听众最后记得的事情。

要在舞台的中心取得成效，就要将自信的表达与明确的观点联系在一起。在表达你的观点时要集中注意力，专注于演讲的力量、目的和激情。如果你的注意力分散了，听众的注意力也会随之分散。

分散你的注意力其实就是分散你的力量，分散你的力量则意味着削弱你的能力。

一、停顿、演示和录影

正如你在第八章中所学到的，记住要把战略停顿融入你的演讲，以加强、凸显演讲的分量。停顿提供了一个过渡的机会。一次只讲述一个观点，可以保证听众能从头到尾的理解每个句子的意思。就像在拳击比赛中的一次重拳出击，要把你的精力集中在一个目标上并且迅速进行击打。集中精神，巩固和调动你的能量，停顿一下等待效果的出现，然后继续讲下去。

不要机械化的演讲，在表达方式的选择上要注重细节和力

登上顶峰

——沟通力与领导力助你登上职业高峰

量。如果你是一名听众,在台下聆听一位不熟练的演员、律师或者演讲者,在台上语无伦次地夸夸其谈或用机械化的节奏进行演讲,你会觉得他们发出的仅仅是一连串听起来和感觉起来非常不愉快的声音。这不是有效的沟通方式,仅仅只是在讲话而已。

你传递给听众什么样的声音,也可以说,你展现出什么样的演讲技巧,将影响听众们吸收你的信息。如果你说话的方式不能够令人着迷、抑扬顿挫或者拉近与听众们的距离,你是说服不了他们的。

当我和客户一起工作的时候,我经常会用视频记录下他们的演讲过程,这样他们就可以在事后观看自己的表现。我专注于对他们的演讲进行分析——通过他们的外形和声音,来分析他们的肢体语言和语言表达能力,让他们学会如何成为更优秀的演讲者。"眼见为实",观看自己的"表演"是自我意识训练中最具挑战性的练习之一。把自己逼迫到退无可退的地步,并真正看清楚自己的缺点,这是非常不容易的。但在这一系列的训练过程中,你所获得的启发将是深刻的。

"我没有意识到我会有这些动作,"我的客户会告诉我,"我烫卷了头发吗?我有前后摆动吗?我把手放在口袋里了吗?"

第十章

音调的改变：出其不意的变化

我会认真识别客户在演讲中有哪些需要改进的地方，特别会纠正他们的音调和节奏，然后再让他们继续演讲。

到底什么是音调呢？我们的嗓子会发出三种相对不同的声音：高、中、低，并且还能产生许多变化。音调不仅适用于一个单一的词，也可以作为一个感叹句。"哇！""停止！""抬头！"优秀的沟通者在整个演讲过程中，在不同的时刻会运用不同的音调，通过注入多样化及意外的演讲效果来避免千篇一律的场面。

如果你想知道什么是单调的声音，试着用同一个音调一遍又一遍地说一个相同的字。不高、不低、没有什么可以打破这种乏味的声音。反之，你可以想象一下山顶和谷底的感觉，这种感觉同样也适用于音量、重点、音调、节奏以及更多。就像一首动听的歌曲，我们的目标是高音和低音相得益彰。这一切的努力都是为了使整个演讲的场面更加吸引听众。

二、完美的音调：关于韦斯特公司丹·西蒙的案例研究

即使是把丹·西蒙称为沟通大师，那也是低估了他的专长。他熟练地掌握了英语和声调的技巧，并以此谋生。他的职业将他从一个优秀的演讲者铸就成了杰出的沟通大师。西蒙是韦斯特公司的首席执行官和共同创始人，韦斯特公司是一家位于纽约市的商务沟通咨询公司，它的主要业务是帮助大型的金融集团如彭博社、花旗集团、摩根大通和城堡投资基金等进行竞选活动。

西蒙是一位多年来帮助我改变自己音调旋律的导师，他给我带来的变化是无法估量的。对西蒙来说，所有出色的沟通者都能够在严肃的与轻松的时刻、统计数据与扣人心弦的故事、快与慢的演讲节奏中找到正确的交汇点。这是变化，他坚持说，变化对

第十章

音调的改变：出其不意的变化

于捕捉和吸引听众的注意力是至关重要的。

即使整个世界被电子通信技术所覆盖，西蒙也坚定不移地相信，所有优秀的沟通者只有一个共同点：他们都很善于讲故事。无论是以旧的形式还是以新的技术，无论是在篝火晚会上还是在先进的会议室里，传达想法、恐惧和愿望的最具有说服力的方式就是讲故事。

西蒙认为，PowerPoint 幻灯片演示方式是不错的选择，但是视觉隐喻则更好。在五千年前的古埃及有这么一个场景，两个女人坐在尼罗河河边，一个在哭泣，因为她刚刚与她男朋友分手了，这时只听到她的朋友说："不要担心，海里面还有很多鱼"，想想这个隐喻的简单与强大。西蒙解释说："视觉隐喻就像是语言的'分形①'，用比喻将大量的信息压缩成一个简单的短语。无论多么巧妙制作的 PowerPoint 幻灯片，都无法与视觉隐喻相比。恰当的、适时的视觉隐喻能在听众脑海中产生丰富的画面，并能

---

①分形理论（Fractal Theory）是当今十分风靡和活跃的新理论、新学科。分形理论的最基本特点是用分数维度的视角和数学方法描述和研究客观事物，也就是用分形分维的数学工具来描述研究客观事物。它跳出了一维的线、二维的面、三维的立体乃至四维时空的传统藩篱，更加趋近复杂系统的真实属性与状态的描述，更加符合客观事物的多样性与复杂性。

登上顶峰

——沟通力与领导力助你登上职业高峰

与听众产生共鸣。有些演讲者会将精心设计的视觉隐喻融合到的演讲中,他们能够带给听众一个独特的节奏。"

除此以外,对于正在演讲的话题而言,演讲者还需要找到一个合适的方式来表达他们的热情。举个例子,让我们想一想温斯顿·丘吉尔,他曾被召唤去讨论非常重大的事情(例如大不列颠的生存问题),他找到了一个好的方法来陈述英国在"二战"中击败德国的重要性。在演讲的节奏方面,丘吉尔是一位了不起的大师:

如果要问我,我们的政策是什么?我的回答是:在陆上、海上、空中作战。尽我们的全力,尽上帝赋予我们的全部力量去作战,与人类罪恶史上黑暗、可悲以及空前凶残的暴政作战。这就是我们的政策。

我们将战斗到底。我们将在法国作战,我们将在海洋中作战,我们将以越来越大的信心和越来越强的力量在空中作战,我们将不惜一切代价保卫国土,我们将在海滩作战,我们将在敌人的登陆点作战,我们将在田野和街头作战,我们将在山区作战。我们绝不投降!

西蒙主张,我们应该经常把自己塑造成为丘吉尔。我们可能

第十章
音调的改变：出其不意的变化

不用去谈论西方文明的命运，但我们还是可以模仿他，用变化的音调、速度和讲话节奏来保持听众的关注及兴趣。"内容本身是不会推销自己的，"西蒙说："伟大的演说家并不是总能遇到吸引人的内容和话题"，但是强势的演讲能弥补没有说服力的材料。当一个出色的沟通者在讲述枯燥的金融监管条例时，他能让听众感觉到，他好像是在讲述命悬一线的西方文明一样。

正如丹·西蒙所说，当优秀的演讲者碰到重要的演讲内容时，他将会进行一场令人终生难忘的表演，而听众也会为此津津乐道许多年。

三、如何开发悦耳的演讲技巧

分别用高音调和低音调进行演讲的区别是什么？我们可以看作大提琴和小提琴之间的对比。小提琴的音调高，大提琴的音调低，如果放在一起进行合奏，你就能听到非常优美的旋律。在演讲中同时使用高、低音调也是一样的道理。例如，尝试用两种不同的音调进行演讲，你会听到它们混合在一起并产生美妙的

登上顶峰

——沟通力与领导力助你登上职业高峰

效果。

"［高音调］我必须把我自己的经历介绍给执行委员会。［低音调］但我不知道从哪里开始。"

不断地改变你的音调是必不可少的，我们在潜意识里会很自然地这样做。音调的上升和下降，可以更好地支持我们传达情感。但是，有一些人在演讲时会放弃自己的本能，他们使用千篇一律的音调，从而产生了紧张的气氛。不要陷入那种困境。改变你的节奏和音调，想象一下自己就是小提琴和大提琴。

抓住听众注意力的最好方法之一，就是通过音调的随时改变来展现你强大的魄力，要学会一瞬间从低到高的改变。在明确了所有意图和目的之后，你就可以有针对性的采取行动。就是这么回事！放手去做吧。

音调与节奏的变化可以引起情绪变化，从而抓住听众的注意力。"［低］给我自由……［停顿］［高］或让我死亡！"使用突然变化的音调会增加戏剧性和悬念。你还可以用一个"抬头"的动作向观众示意，并促使他们注意接下来要讲的内容。

同样，你也可以通过相反的方向降低音调来产生相同的效果，从高到低的变化也能达到目的。当你在强调某一个观点的时

第十章

音调的改变：出其不意的变化

候，通过快速的切换音调来进行过渡，同样也会让听众听得津津有味。

"［高］世界贸易中心刚刚被攻击了！［低］伤亡人员太多、难以统计。"

从一个句子到另一个句子以相反的方向变化音调：让它们互相补充，以达到预期的效果。

"改变节奏""加快速度""时间延长一倍"……这些都是音乐教师在教别人演奏乐器时所用的指令。由于我从小与音乐家一起长大，所以我一直都能领会这些指令的含义。音乐教师们痴迷于演奏速度的变化，并以此来衡量演奏一个特定音符或一组音符所需的时间。这种训练帮助我在以后的职业生涯中成为一名更优秀的演讲者。

公共演讲就像是在学习演奏乐器。就好像许多歌唱家，需要经过多年的训练与付出，当然还需要一位出色的基本乐理老师。一个完整的音符比四分之一音符需要花更长的时间来演唱。因此，我鼓励职业沟通者在准备演说的时候，要把自己想象成为一名音乐家。

四、克服言语焦虑：从国王的演讲中获取经验

不断变化的节奏能给你的演讲增强力量。许多演员都声称，节奏的变化是一个宝贵的技巧。研究一下杰出的演员（比如梅丽尔·斯特里普①），仔细听他们说话的方式，就连他们阅读电话本的时候也会显得非常有趣。节奏的变化不仅适用于单词，而且适用于演讲的短语、句子或整个章节。节奏、音调和拍子的改变越频繁，就越容易让别人理解你的关键信息。

在2011年拍摄的电影《国王的演讲》中你会学到许多宝贵的经验。

在这部影片中，科林·菲尔斯扮演的国王乔治六世，由于他的哥哥放弃了王位，他在没有选择余地的情况下成为英国的国王。1939年，大不列颠对德国宣战，国王决定向他的国民进行一

---

①美国好莱坞著名女演员，1980年凭借《克莱默夫妇》中的表演夺得第52届奥斯卡最佳女配角奖，并凭借《苏菲的选择》《铁娘子》分别夺得第55届、第84届奥斯卡最佳女主角奖。

第十章

音调的改变：出其不意的变化

次演讲。

影片讲述了患严重口吃的新国王与他的语言治疗师莱纳尔·罗格（杰弗里·拉什饰）之间的故事。乔治国王要通过一种新型的设备向他的臣民们讲话，这种设备也就是我们现在所说的无线电广播。一开始，他非常惧怕在臣民面前演讲，他宁愿一直住在黑暗中。然而，当战争笼罩了英格兰时，他已然无法选择继续沉默了。世界上最古老的帝国君主必须勇敢地站出来，因为在第二次世界大战的斗争中，英国的国民需要他们国王的支持，来击垮潜伏在英吉利海峡的所有敌人。

由于害怕自己因口吃而带来的耻辱和尴尬，乔治国王一开始就觉得自己被打败了。他痛苦地意识到，如果他不能克服这种恐惧，他将会被同胞们的期望击垮。

我在我的客户中看到了很多国王乔治六世的影子。虽然他们大多数人不需要去克服同样的生理缺陷，但是他们也经常会陷入一个误区，以至于削弱了他们在演讲台上的表现力。当他们在压力下进行演讲时候，他们感觉到自己无能为力，感觉到自己似乎无法摆脱紧张和压力，而这些恰恰是削弱他们信心和妨碍他们成功的因素。

登上顶峰

——沟通力与领导力助你登上职业高峰

当你看到这部电影的结尾时,你会看到乔治国王在一个录音室里,他要在广播里进行第一次战时演讲。他很紧张,就如同要对他自己进行宣判一样,面对着自己生命里迎面而来的挑战。

他的治疗师罗格站在他的身旁,带着自信,穿着晚礼服,看上去衣冠楚楚,他注视着他的学生(英国国王),演讲开始了。此时,影片中响起了贝多芬的"第七交响曲第二乐章"的背景音乐,镜头也回到了治疗师与国王训练的场景,国王在演说,治疗师在进行指导。

一句接一句的话语通过不同的音调和节奏呈现出来,国王进行了一场大师级的演讲。这一刻的来临非常及时,数以百万计翘首以盼的英国公民,听到了他们的国王斩钉截铁地告诉他们:团结这个国家的所有力量,去击败轴心国!

英国国王学会了如何在面对逆境时超越自己,他向我们展示了一个道理:无论是谁,只要选择正视自己的恐惧,他就一定会获得希望。对那些期望在职业生涯的阶梯上攀登顶峰的人来说,国王乔治对他们是一个巨大的鼓舞。

观看影片结局的时候,请注意国王说的话,并思考一下这些讲话的意义。当他们在谈论战争时,还要面对国王生理上的缺

第十章

音调的改变：出其不意的变化

点，并且要鼓起勇气通过严格的训练来克服这个缺点。对于我们而言，只要我们愿意重视并理解这部影片表达的意义，我们就能从这个演讲中汲取很多的经验：我们要放开一切，即使无法实现十全十美，我们也要为了进步而奋斗。顺应于大自然的规律，用你的潜意识的心灵去说话。国王成功了，你也可以的！

在这样严峻的时刻，可能是国家存亡的紧要关头。

我向领土上的所有子民，

不论是国内或是海外，

传达这份消息。

我和你们一样，百感交集。

只希望我能挨家挨户亲自向你们诉说。

我们大部分人，都是第二次经历战争的洗礼。

不止一次，我们尝试过寻求和平之道，

求同存异，化敌为友。

然而徒劳无功，我们被迫卷入了一场战争。

我们所面临的，是一个邪恶信念的挑战。

如果敌方取胜，世界的文明秩序将毁于一旦。

这样的信念，剥去伪装的外衣，

登上顶峰

——沟通力与领导力助你登上职业高峰

只是赤裸裸的权力追求。

为了捍卫凝聚起我们的所有,

我们无法想象去逃避这样的挑战。

为了如此崇高目标,我呼吁国内的民众,

海外的子民们,万众一心。

我希望你们能冷静坚定,在时间的历练中团结向前。

任务将会困难重重,前路可能乌云密布。

战场将不再局限于前线阵地,

只有掌握真知才能正确行事。

在此我们虔诚的向上帝承诺,

如果我们大家坚定信念,

上帝会保佑,我们必将获胜!

公开演讲对许多人来说是一个巨大的挑战,也是一种令人沮丧的心理冲突。我承认在这种挑战中固然存在恐惧和危险。当你独自一人面对一大群陌生面孔的时候,你在自己身上下了一次重注。但当你准备在职业生涯中迈出这坚实的一步时,你需要花一点时间来分析一下沟通的重要性。你会明白,自我提升一定会得到意外的回报。

第十章

音调的改变：出其不意的变化

我在杰弗里·拉什的性格中看到了我自己的性格。我的客户让我帮助他们克服困难并实现目标，虽然每个人的情况都是不一样的，但最后我们总是能一起克服困难，登上顶峰。我的使命就是帮助每一个人超越自己，并将他们培养成拥有自信的、优秀的沟通者。

正如国王所说："这项任务将是艰难的。"当你觉得无法完成任务的时候，你会觉得整个世界都是暗淡的，但只要你坚定自己的信念，并坚持自己的专业发展，你将会取得最终的胜利。你的进步和成长将会超出你自己的想象。

总　　结

"俄国"小说家列夫·托尔斯泰曾写道:"每个人都想改变这个世界,但是没有人想过要改变自己。"托尔斯泰的格言对于任何致力于攀登顶峰的商业人士而言,都是一个很好的起点。如果你想让别人追随你的脚步,那么你需要站在更高更远的顶峰上。

通过学习、练习和掌握"伟大沟通者的10条戒律",你做出了一个有意义的自我投资决定。当机会来临时,去接受挑战吧,这也是一个自我发展的机会。我们勇攀高峰,努力掌握有说服力的沟通技巧,不是因为这很容易,恰恰是因为这很艰难。在面对这些工作和挑战时,会有助于我们了解真正的自己。

在我培训过的学生中,凡是那些最后转变为出色沟通者和非凡领导者的人,都有一个共同点:敏锐的自我意识。他们能够自我认知并懂得一个道理——想要真正的取得成功,说起来容易做

总　　结

起来难。万事开头难，掌握这些沟通技巧需要有一定的互动性、体验式的学习以及一点耐心。就像一名运动员那样，需要一位导师或教练来发现自己的盲点，并持续性提供自我提升所需要的建议，这是非常重要的。

我很幸运有机会帮助别人取得事业上的进步。观察他们一步一步地发展、成熟并成为自己期望中的领导者，这是一种荣幸。他们的职业轨迹不是奇迹，首先要具有虚怀若谷的豁达心胸，然后还要通过艰苦的工作和大量的实践才能取得成功。

埃德蒙·希拉里在对珠峰的探索中毫不畏惧，尽管他的成就巨大，但是他却形容自己和他的伙伴丹增·诺尔盖仅仅只是个勤奋的人，而不是英雄。虽然说没有超群的技术能力，他就不可能登上顶峰，但他更钦佩人类在面对逆境时能迸发出了解、探索和克服巨大障碍的动力。他设定了一个目标，一步一步地向上攀登，并与诺尔盖一起登上顶峰。他同样也遵循了互惠法则，在自己取得成功的同时去帮助别人也取得了成功。当他被问及在面临困难时候的心态和动力时，他的反应是清晰并且鼓舞人心的："志存高远，轻而易举获得的胜利几乎没有任何价值"。

当你演练和掌握这10条戒律；当你从伟大的登山者和沟通

登上顶峰

——沟通力与领导力助你登上职业高峰

者那里获得鼓舞;当你勇攀职业生涯的高峰时,你要理解来自作家保罗·科埃略①的行动号召:"请做出一个承诺:既然你已经发现了一种未知的力量,那么就告诉自己,从现在开始你将会使用这股力量来支持你未来的发展。向自己承诺,你将去发现另一座高山并开始另一次的冒险。"

谢谢你加入此次的攀登,我很荣幸能成为你的导师。

---

① 保罗·科埃略,巴西著名作家,1988 年出版著名寓言小说 the Alchemist 中译名《牧羊少年奇幻之旅》,全球畅销 6500 万册,被翻译成为 68 种语言,成为 20 世纪最重要的文学现象之一。

关于作者

查克·加西亚是攀登领导力咨询公司的创始人，纽约默西学院的组织领导力学教授。他专职于培训高级管理人员，提升他们的公共演讲能力、销售技巧以及领导力。作为拥有25年资深经验的华尔街从业人士，他在彭博通讯社工作了14年的时间，在销售和市场部门担任过各种领导职务。他曾经在贝莱德资产管理公司担任商业发展部总监，也曾经是对冲基金——城堡投资基金的执行董事兼总经理。

查克·加西亚也是个登山家，他攀登过一些世界上最高的山峰，包括乞力马扎罗山、厄尔布鲁士山、阿尔卑斯山的马特洪峰以及位于阿拉斯加山脉和安第斯山脉的山峰。

如果想获得演讲方面的专业培训和指导，您可以联系：
chuck@climbleadership.com

登上顶峰

——沟通力与领导力助你登上职业高峰

Climb Leadership Consulting

10 Habitat Lane | Cortlandt Manor, NY 10567

www.aclimbtothetop.com | www.climbleadership.com

https://www.linkedin.com/in/chuck-garcia-015128

伟大沟通者的 10 条戒律

1. 牢记首位效应（近位效应）

听众只会记得演讲的开始和最后的内容，要把重点放在开场和结束上。

2. 学会利用情感诉求

人们首先会带着情感因素来购买，然后再通过逻辑的判断来支持这个购买决策。用热情和激情来呈现事实。

3. 带着坚定的信念去演讲

如果你说话软弱无力,含糊不清,连自己都说服不了,如何说服别人?

4. 学会使用肢体语言

很多交流是通过非语言形式进行的。要注意在你没有说话时你要表达什么?如何表达?

5. 拉近与听众的距离

不要站在讲台后面或者那些阻碍你和听众直接交流的地方进行演讲。

6. 牢记"三法则"

生命、自由和追求幸福。你的听众只能在同一时间理解三个概念。

7. 学会强调

一定要在重点内容上大声强调。

8. 学会使用停顿的力量

马克·吐温曾经说"使用正确的词语可以增加效果，但在恰当时间的停顿比使用正确的词语更加有效"。

9. 激活视觉效果

幻灯片里面不要使用过多冗长和复杂的文字。使每一个要点视觉化，让听众容易吸收你表达的信息。

10. 学会改变音调

音调、速度、节奏的变化，让整个演讲充满活力。

10 种提高演讲能力的途径

1. 体现出差异化

要体现出你和其他演讲者有差别的东西。例如，你使用的是粗体字和斜体字，而不是用普通字体。你的激情和能量是可以感染听众的。

2. 不要自大

用情感代替自负，从以"我"为中心变成"你"。你演讲的主题要考虑到听众的感受以及他们的理解能力。

3. 让听众易于理解

简洁的方式永远要胜于复杂混淆的方式。

4. 具有情景意识

你要察言观色,知道什么时候要提高音调、降低音调或者使用停顿。要对突如其来的变化立即做出调整。

5. 一张图胜于千言万语

演讲的影响力有50%来自于视觉效果。颜色丰富、设计精美的图片传递着积极的情感,这种情感会驻留在观众的心中。

6. 学会诗韵般的演讲

- 恰当的时间,正确的顺序,选择合理的词语。

7. 保持自信和放松

将紧张和压力转化为激情演讲的动力。

8. 注意看和听

当你盛装出席演讲会时，可以通过握手、眼神接触和肢体语言来进行有效沟通。杜绝使用"嗯"和"可能"这些词汇来分散注意力，你需要听众感受到的是，我们是一种一对一的沟通关系。

9. 展现你的关爱

你要提供机会让你的听众发表他们的意见，停顿下来让他们提出问题、表达参与其中的感激之情。你要帮助他们思考一些问题，这些问题在演讲结束的很多年里都能引起共鸣。

10. 提出行动号召

你要通过激发听众的情绪来指导和鼓舞他们。如果你给他们的生活增添了新的价值,就要让他们渴望成为你的团体中的一部分。无论你销售什么,他们都会购买!

10 种让你缓解紧张情绪的办法

1. 一次扩展性的对话

一场演讲其实就是一次扩展性的对话。基于你对演讲主题的熟悉,你完全可以轻松应对。你是专家,而许多听众并不是。

2. 视觉化是关键

站上演讲台前,你需要思考如何通过视觉化的方式来表达信息。如果进展的过程和你设想不一致,那么就需要进行调整。我看过的一些最优秀的演讲都是脱稿和即兴的。

3. 不要忧虑

不要为你不能控制的事情而忧虑。徒劳的忧虑会侵蚀你的能量,你需要集中精神进行一次充满活力以及有说服力的演讲。

4. 持续前进

不要害怕犯错误。没人会注意到你那些细微的错误,继续你的演讲。

5. 学会宽恕和忘记

不要因为忘记某些演讲内容而指责自己。听众永远不会知道你准备涉及哪些话题。

10种让你缓解紧张情绪的办法

6. 观察你的听众

观察你的听众和他们的反应。请记住，优秀的演讲者具有很高的情景意识，他们可以对场面气氛做出即时的调整。

7. 忘掉你的演讲稿

忘掉你手中的演讲稿。演讲稿如同拐杖，只是对你起辅助作用，但随着你不断地抬头与低头，你会丢掉自己演讲的节奏。要一直注视着你的听众。

8. 清除障碍

清除一切障碍。尽可能拉近你与观众的距离，保持融洽的关系。

9. 释放压力

弯下你的膝盖或伸展你的双臂来释放你的压力。最好的方式是热身之后再站上讲台。

10. 提前做好准备

不要等到最后一分钟才做好准备。千万不要应付！毫无准备是慌张的源泉,这是不可原谅的,也会造成严重的自我伤害。

10 种改变态度的方法

1. 理解你的感受

接受你正在面临挑战的事实,激发正能量来构思和演讲。

2. 培养你的技能

对待得心应手的事情,你就会做得很好,反之,你就会做得不好。越早地逼迫自己做出改变,你就能越快地适应环境。

3. 设定现实的目标

不一定要追求十全十美,但是要为了进步而奋斗,一步一个脚印。

4. 保持自信心

不断告诉你自己,要么自己是一个糟糕的演讲者,要么就是一个优秀的演讲者。不管怎样,你都是对的。

5. 在标准间隔的时间内训练

进行一系列短的演讲训练,其效果将优于一两次长的演讲训练。

6. 克服挑战

每个人都有弱点,你不能解决自己所有的问题。但是,你能对它们进行弥补。把问题排好顺序,然后依次解决。

7. 积极的思考

我们问自己，你会对着镜子中的你说些什么？没有失败，只有反馈。保持乐观，好结果就会随之而来。

8. 做一次运行测试

当你准备演讲时，让三位值得信赖的朋友给你提出一些建设性的评价。这些建议不仅将会提高你的演讲水平而且会增强你的自信心。

9. 提醒自己

你的成功不是偶然的，而是由你的选择所决定的，因此你的选择很关键。

10. 不要一成不变

无论是好还是坏！明智地去选择！

提升你销售成功机会的关键词

目标　重要性　关心

为了实现我的目标，听众需要思考什么？获得什么样的感受？为什么他们会关心？

言语　支持　参与

听众对你的第一印象。他们通过你自身的言行来评价你。

鼓舞　说服　激发

如果你想打动听众，你需要在这三个方面努力。你的目标是改变他们的想法、意见并激发行动号召。

推荐阅读

有很多关于职业发展、领导力和沟通的优秀书籍，以下是我的推荐：

1. 《发现你的优势2.0》汤姆·莱思

   我的客户和学生人手一本，让我可以更好地了解他们的需求。这本书也是自我意识提高的良好工具。

2. 《沟通的力量：建立信任、激励忠诚以及有效领导的技巧》赫里奥·弗雷德·加西亚

   这本书是美国海军陆战队的传奇刊物，它展示了海军陆战队

推荐阅读

如何在公开演讲中运用领导力和战略并取得非凡的成效。

3.《软技能的硬道理：职场课程》佩吉·克劳斯

软技能就是最终获得的口碑。掌握了这些技能将帮助你在职场攀登高峰。

4.《卡内基沟通与人际关系》戴尔·卡内基

这本经典的书发行于 1936 年，每个领导者都必须拥有此书。书中的课程是永恒的，并且是与我们息息相关的。

5.《如何掌握销售艺术》汤姆·霍普金斯

这是我职业发展的圣经。虽然这是我 35 年前阅读的书，但是其中讲述的销售战术和技巧在今天仍然适用。

登上顶峰

——沟通力与领导力助你登上职业高峰

6.《一个人的推销：劝说、说服并影响别人的惊人真相》丹·品克

我是丹·品克的支持者，这本书引起了很大的共鸣。我把这本书推荐给那些志在市场营销职场发展的人。

7.《没错，第二城市的经验》凯里·李奥纳多、汤姆·约顿

这本书帮助我们理解即兴喜剧是如何表演的，什么是富有创新和灵感工作的团队力量，以及为什么敏捷的反应是需要培养的一项重要技能。

8.《创新公司：克服看不见的力量，坚持真正的灵感方式》埃德文·卡姆特

学习皮克斯公司如何将创意变为强大的创新艺术作品。无价

的领导力课程。

9. 《情绪智力2.0》夏维斯·布拉德、伯里吉恩·格里夫斯

这是一本讲述个人情商在工作和生活中重要性的书。

10. 《充电：激活10种人类生机勃勃的驱动因素》布伦登·伯查德

一部有教育性和鼓舞性的指引，帮助我们理解如何保持自我充电，以追求快乐、健康和繁荣的生活。

在你的职业生涯登上顶峰！

请访问 www.aclimbtothetop.com 来帮助你登上职业生涯的新高度。

免费资源：请访问 www.aclimbtothetop.com 可以获取工具和资料来帮助你一步步走向成功，实现你的目标。

预约演讲：通过这本书的内容，让听众有机会通过互动来了解企业文化的转变，学习可执行的建议和方法来进行鼓舞、说服和激发改变。请访问 www.aclimbtothetop.com 获取更多信息。

职业评估：如果你、你的家人或是同事，有兴趣邀请作者进行私人咨询。请访问 www.aclimbtothetop.com 获取更多信息。